精确制导技术应用丛书

→ → Air Defense and Anti-missile Missile

防空反导导弹

张忠阳　张维刚　薛　乐　范红旗　魏宇飞　李兴华　景永奇　编著
唐文倬　宋志勇　肖吉阳　刘本源　李　琳　钱　波　李沈军

国防工业出版社
·北 京·

图书在版编目(CIP)数据

防空反导导弹/张忠阳等编著.—北京:国防工业出版社 2012.9

ISBN 978-7-118-08404-7

Ⅰ.①防… Ⅱ.①张… Ⅲ.①防空导弹—反导弹导弹 Ⅳ.① TJ761

中国版本图书馆 CIP 数据核字(2012)第 219705 号

※

国防工业出版社 出版发行

(北京市海淀区紫竹院南路23号 邮政编码100048)
国防工业出版社印刷厂印刷
新华书店经售

*

开本 710×1000 1/16 印张 7.5 字数 125 千字
2012 年 9 月第 1 版第 1 次印刷 印数 1—20000 册 定价 30.00 元

(本书如有印装错误,我社负责调换)

国防书店:(010)88540777　　发行邮购:(010)88540776
发行传真:(010)88540755　　发行业务:(010)88540717

精确制导技术应用丛书

《防空反导导弹》分册
编审委员会

主　任　　蒋教平
副主任　　赵汝涛　　李　陟　　付　强
委　员　　伍发平　　魏毅寅　　白晓东　　苏锦鑫
　　　　　刘著平
秘　书　　梁　波

序 Prologue

现代战争中的空袭与防空是一对矛盾。随着空袭武器之"矛"日益尖锐，防空武器之"盾"必须更加坚固，两者在矛盾斗争中不断发展。防空反导导弹的产生和发展历程正是矛盾哲学的一个真实写照。

"精确制导技术应用丛书"之《防空反导导弹》分册重点介绍防空反导导弹武器系统、制导技术原理和应用知识。全书共分五章：第一章简述防空反导导弹的概念、功能和组成；第二章介绍防空反导导弹分类、发展历程及其典型代表；第三章对防空反导导弹应用的制导技术进行了较深入的分析；第四章剖析了防空反导导弹在复杂战场环境中应用的典型战例；第五章对未来防空反导导弹的发展与空天防御体系的建设进行展望。

《防空反导导弹》分册面向的读者主要是作战部队的广

大官兵。该书由总装备部精确制导技术专业组、航天科工集团二院的部分专家以及国防科技大学的部分师生编撰而成。全书在保证技术严谨性和资料准确性的同时，力求图文并茂、鲜活生动、案例翔实、深入浅出，融知识性和趣味性于一体，是一本向广大读者系统介绍防空反导导弹制导技术应用的好书。相信该书的出版会受到部队广大官兵读者的欢迎，为提升官兵科技文化素质，推进我军现代化建设起到重要的促进作用。

2012 年 7 月

- 001　**第一章　沙场点兵：且看"弯弓射大雕"**
- 002　一、防空导弹"高调出击，惊艳亮相"
- 004　二、防空导弹的"庐山真面目"
- 005　　（一）领略防空导弹的"神奇武功"
- 009　　（二）透视防空导弹的"五脏六腑"
- 013　　（三）见证防空导弹的"亮剑扬威"

目 录
Contents

- 015　**第二章　武器系统：防空反导举"神盾"**
- 016　一、防空导弹的分类
- 016　　（一）按防空任务分
- 017　　（二）按保卫目标分
- 019　　（三）按制导体制分
- 020　二、防空导弹的"排辈"
- 021　　（一）第一代——"50后"初涉江湖
- 023　　（二）第二代——"60、70后"蓬勃发展
- 025　　（三）第三代——"80、90后"中流砥柱
- 028　　（四）第四代——"21世纪新生代"方兴未艾
- 036　三、反导武器的发展历程

045　第三章　制导技术：神机妙算巧发威

046　一、指令制导——"惟命是从，准确到位"

048　二、寻的制导——"自我鞭策，奔向目标"

049　　　（一）射频寻的制导

059　　　（二）光学寻的制导

073　三、复合制导——"优势互补，同舟共济"

075　第四章　应用分析：布阵斗法意不休

076　一、防空反导导弹面临的复杂战场环境

082　二、复杂战场环境对防空反导导弹的影响

085　　　（一）电磁环境——"成也萧何，败也萧何"

089　　　（二）自然环境——"气象衰减，地海散射"

092　　　（三）目标环境——"瞒天过海，真假难辨"

093　三、典型战例剖析及应对启示

093　　　（一）复杂电磁环境中应用的战例

096　　　（二）复杂自然环境中应用的战例

099　　　（三）复杂目标环境中应用的战例

目录
Contents

101	第五章　登高望远：空天防御展宏图
102	一、空袭作战与"天战"的新特点
108	二、"空天防御，大任于斯"
108	（一）空天防御体系的建设
110	（二）防空反导导弹的发展
111	参考文献

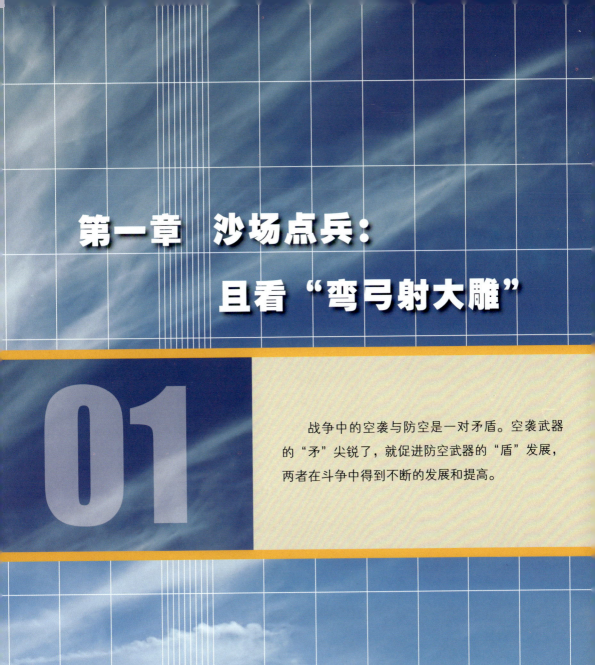

第一章 沙场点兵：
且看"弯弓射大雕"

01

战争中的空袭与防空是一对矛盾。空袭武器的"矛"尖锐了，就促进防空武器的"盾"发展，两者在斗争中得到不断的发展和提高。

一、防空导弹"高调出击,惊艳亮相"

战争中的空袭与防空是一对矛盾。空袭武器的"矛"尖锐了,就要求防空武器的"盾"更加坚固;反过来,防空武器能力的提升必然引起空袭武器的更新换代。两者在斗争中得到不断发展和提高。

第二次世界大战后期,喷气式飞机已处于研制后期,再加上英、美等国对德国大中城市实施持续的猛烈轰炸,德军深感高炮防空已不适应作战需要,于是紧急组织力量开发防空导弹,主要包括"瀑布"单级液体防空导弹、"莱茵女儿"防空导弹等,德国因而成为世界上研制地空导弹的先驱。但是当时德国的战败已成

中国"红旗"2号防空导弹

第一章 沙场点兵：且看"弯弓射大雕"

美国 U-2 高空侦察机

为定局，该导弹的计划不得不在1945年2月被终止，最终也没能装备部队。战后，美、苏、英等国在德国技术成果的基础上，研制出了第一代实用的地空导弹。

特别要提到的是，第一次在实战中使用防空导弹击落飞机的战例是由我空军创造的。1959年10月7日，原本是平凡的一天，可是我军驻浙江的某雷达站内却充满了硝烟的味道：从台湾方向有某不明身份的高空飞行器窜入大陆领空，并且直飞北京！我指战员沉着应战，判断出这是RB-57D高空侦察机。要是在以往，我军只能束手无策，眼睁睁看着它大摇大摆地进出我空域，窥探我军事秘密。但这一次这架侦察机就没这么好运了，因为我军在一年前已经装备了"萨姆"-2防空导弹。随着发射命令的下达，一枚导弹昂然出击，准确地命中了敌方的目标！

这虽然只是对台军事斗争的一个小插曲，但在防空导弹战史上有着重大意义：我军导弹部队击落窜入大陆地区腹地

俄罗斯"萨姆"-2防空导弹

进行侦察的国民党空军 RB-57D 高空侦察机，开创了世界防空史上用地空导弹击落高空侦察飞机的先例。

一时间世界舆论为之哗然。世界军事史上对空作战从此真正进入了导弹与飞机对抗的时代。1962 年 9 月 9 日，中国空军防空部队用地空导弹首次击落国民党空军的 U-2 高空侦察机。此后又击落多架，累计达到 5 架，最终迫使其停止对大陆的高空侦察。

在随后发生的战争，比如数次中东战争、海湾战争、科索沃战争等近期战争中，防空导弹得到了越来越大规模的应用。时至今日，已经成为一种大家耳熟能详的武器，然而不是所有人都对这种武器有较为深入的认识，因此本书详细介绍了防空导弹——现代战争舞台上的重要角色，以飨读者。下面首先介绍防空导弹的概念。

二、防空导弹的"庐山真面目"

地（舰）空导弹是指由地面（舰船）发射、拦截空中目标的导弹。地（舰）空导弹在欧、美统称为面对空导弹，在俄罗斯等俄语国家称为高射导弹，在中国称其为地（舰）空导弹，这些可统称为防空导弹。

防空导弹的横空出世，引起了世界各国的高度重视。目前已经发展成种类繁多的"大家族"，其作战区域也从空中发展到了包含太空和超低空在内的全域空间，它们大致可以划分为三大"门派"：

(1)防空导弹：作战使命以反空气动力目标（各类飞机、无人机、精确制导武器等）为主；

(2)反导导弹：作战使命以反弹道导弹为主；

(3)防天导弹：作战使命以反空间目标（军用卫星、空天飞行器）为主。

从 20 世纪 40 年代初德国开始研究防空导弹开始，到目前已经历了 70 多个春秋。世界上的防空导弹已研制了三代，目前正在发展第四代。据不完全统计，已研制的型号达 120 余种，其中已装备的有 90 余种，正在研制的有 20 余种。

防空导弹武器系统是防空导弹及与防空导弹有直接功能关系的地（舰）面设备的总称。在不引起混淆的情况下，常把防空导弹武器系统简称为防空导弹。

（一）领略防空导弹的"神奇武功"

防空导弹武器系统种类和型号繁多，其设备构成差异很大，小至单兵便携式导弹，大到由数辆或数十辆车载设备构成的高空远程防空导弹武器系统。防空导弹用于拦截空中目标，必须具有预警侦察、搜索指示、目标识别、目标跟踪、导弹发射、制导控制和杀伤目标等功能。

典型防空导弹武器系统组成

俄罗斯"万能级"米波预警雷达

1. 预警侦察

情报侦察和警戒系统一般提前 30min，对距离在 300km 以外的来袭目标，向防空导弹武器系统发出预警信息。随着预警侦察技术的发展，预警侦察系统的覆盖面已经十分广泛。地面上有各种电子侦察站组成的地面侦察系统；海上的各种舰载雷达系统、声纳系统、电子侦察设备、水声侦察仪、磁异探测仪和潜望镜等

美国"全球鹰"无人侦察飞机　　　　美国 E-2T 预警机

侦察设备组成的海基预警侦察系统；低空中有电子侦察飞机、无人侦察飞机等组成的战术侦察系统；高空中有战略侦察飞机、空中预警指挥机组成的战略侦察系统；太空中有各种类型的卫星侦察系统。这些系统互连互通构成范围广、立体化、多手段、自动化的侦察预警网络。总的来讲，现代预警侦察系统主要包括陆基、海基、空基和天基四大类型的预警侦察系统。

2. 搜索指示

拦截空中目标的前提是必须首先搜索发现空中目标，然后再进行拦截作战过程的指挥协调。不同的防空导弹武器系统，能完成的任务各不相同，但是搜索指示这一作战功能是必不可少的。

俄罗斯 C-300 防空导弹的全高度搜索雷达

3. 目标识别

为了拦截空中目标，必须事先分清敌我，确保不误伤我机。另外，为了进行有效的防空作战，还需要识别来袭目标类型。在中东战争中，叙利亚一天内击落己方飞机 10 架，充分说明了作战中敌我识别的重要性。

4. 目标跟踪

为把防空导弹导向目标，必须对目标进行高精度跟踪，以获得目标的相关数据。根据导弹制导体制的不同，对目标的跟踪可由地面设备或弹上导引头来完成，实现的手段通常是雷达或光电跟踪器。

5. 导弹发射

目标稳定跟踪后，便可发射导弹，这一功能是使处在战备状态下的导弹转变为起动和飞行状态。在稳定跟踪目标并获得发射导弹所必须的目标数据之后，满足发射条件时即可发射导弹，发射方式分为倾斜发射和垂直发射两种。

俄罗斯C-300防空导弹垂直发射车

6. 制导控制

根据获得的目标信息，并按照预定的导引规律把导弹导向目标的过程称为导弹制导。对导弹实施制导控制是防空导弹拦截目标最关键的功能。

俄罗斯 C-300 防空导弹武器制导雷达

7. 杀伤目标

杀伤目标是防空导弹武器系统最终要达到的目的,这一功能由弹上引信战斗部系统来实现。在导弹按导引规律所确定的弹道接近目标时,引信开始工作,当其敏感至目标存在时即适时引爆战斗部来杀伤目标,完成防空导弹武器对来袭目标的拦截。

防空导弹武器系统除装备具有上述7项基本功能的设备之外,还必须装备具有供电、空调和行驶等功能的辅助设备,以及用于维修检测作战设备的支援装备。

导弹破片杀伤目标瞬间

(二)透视防空导弹的"五脏六腑"

防空导弹就像自然界中形形色色的生物,由多个分系统共同组成一个完整的作战系统。每个分系统都像生物的"器官"一样,不可或缺。那么防空导弹的主要"器官"是什么呢?从防空导弹设备组成上划分,一套防空导弹武器系统由以下四部分组成。

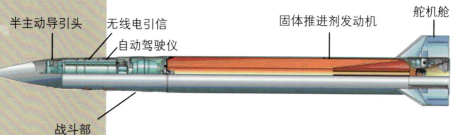

俄罗斯 C-300 防空导弹内部结构图

1. 导弹

导弹由弹体、动力装置、弹上制导设备和战斗部组成，但不同的导弹其具体组成也各不相同。

2. 制导设备

在复杂的防空导弹武器系统中，制导设备主

俄罗斯 C-400 多功能相控阵制导雷达

要包括跟踪制导雷达、光电跟踪设备（微光电视、红外跟踪仪、激光测距仪等）、高速数字计算机与显示装置等。单兵便携式防空导弹的这部分设备比较简单，几乎全部由弹上设备来完成。

3. 发射系统

发射系统由发射（如发射架、发射筒）、装填（如装填机）以及发射控制设备组成。其主要功能是：发射前支撑导弹，并与其他设备一起协助完成发射前的准备工作，以及赋予导弹以规定的发射角度；发射后与储存、运输设备一起完成再装填。有些导弹（如"爱国者"、С-300）的发射设备也是导弹的储存、运输装置。

俄罗斯 С-300 导弹发射设备

4. 指挥控制系统

现代军事指挥、控制、通信系统是以计算机、通信技术为支撑的自动化军事指挥系统，为指挥员收集情报信息、掌握战场实况、运筹决策、调度资源提供了高效的工具，曾经有人把指挥控制系统比喻为"兵力倍增器"。

防空导弹武器系统的组成，除包括以上提及的设备外，还包括技术保障设备。技术保障设备用于导弹进入发射阵地前的各项准备工作（包括火工品（主要是战斗部）的装填、液体推进剂的加注、导弹的综合测试等），同时还用于对武器系统各种设备的检测和维修。

俄罗斯C-300作战指挥车

俄罗斯C-300指挥控制系统

（三）见证防空导弹的"亮剑扬威"

1967年9月8日，我地空导弹部队用刚研制成功不久的红旗二号防空导弹击落国民党美制U-2高空侦察机1架。事实上，在此之前，敌方已经针对我防空导弹的特点采取了一系列相应的对策，如一旦侦察到地空导弹制导雷达开机，则立即施放干扰并机动逃逸。而我方从制导雷达开机到导弹发射反应时间过长，导致敌方可以从容逃逸，为此我方发明了"近快战法"，先用搜索雷达跟踪目标，等敌机接近我地空导弹阵地时，制导雷达开机的同时发射防空导弹，缩短了反应时间，使敌机来不及施放干扰和逃逸，最终成功拦截敌机。此后，敌方停止了利用U-2对我方的侦察。

从以上事例可以看出，防空导弹在现代战争中扮演了极其重要的角色，但同时也面临着不断变化、日趋复杂的战场环境，如敌方干扰措施的不断升级等，防空导弹在攻防态势的不断转变中发展前进。在当今社会，信息

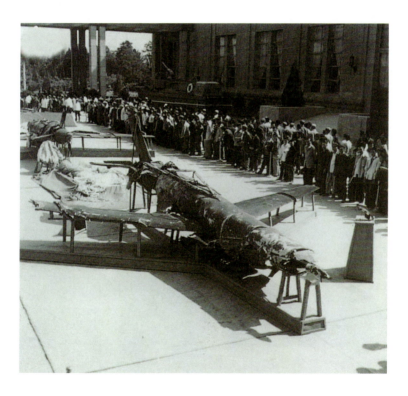

击落的国民党美制U-2高空侦察机

技术的发展和军事思想的变革使得战场环境更加复杂，防空导弹面临的复杂战场环境已成为影响防空导弹作战性能的一个重要方面，有必要对防空导弹武器系统的使用限制和受战场环境的影响有一定的了解和掌握，这也正是编写本书的目的所在。

第二章 武器系统：防空反导举"神盾"

02

历经半个多世纪的发展，防空导弹从第一代到第四代，涌现出了各种类型、不同防御层次的防空导弹武器系统。"江山代有才人出，各领风骚数百年"，下面我们就来认识一下在不同时期涌现出来的各路"英雄豪杰"。

一、防空导弹的分类

(一) 按防空任务分

1. 国土防空导弹

美国"爱国者"PAC-2防空导弹

用于保卫国土范围内区域或要地的防空导弹称为国土防空导弹。从世界范围来看，国土防空导弹是装备数量最多，但型号数量最少的一类防空导弹。代表性的型号有美国的"奈基"（第一代）、"霍克"（第二代）、"爱国者"（第三代），苏联的 С-75（SAM-2，第一代）、С-125（SAM-3，第二代）、С-300ПМУ（第三代）。

2. 海上防空导弹

用于保卫海上舰队或单个舰船的防空导弹称为海上防空导弹，也就是通常所说的舰空导

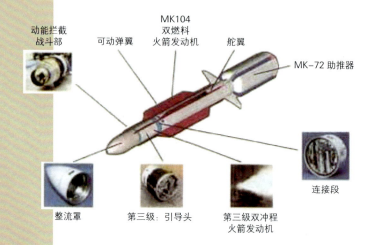

美国"标准"-3舰空导弹

弹。对舰空导弹的基本要求与国土防空导弹类似，但要求导弹及其相关设备便于在舰上安装，并能在舰船运动条件下发射导弹。

美国的舰空导弹是专门研制的，代表性的型号有"黄铜骑士"、"小猎犬"、"鞑靼人"、"标准"等。苏联和俄罗斯的舰空导弹大部分是由国土防空导弹或野战防空导弹移置和改进而成的，主要型号有"盖德莱"（SA-N-2）、"果阿"（SA-N-1）、"壁虎"（SA-N-4）、"利夫"（由空军 C-300 移置而成）、"施基利"（由陆军"布克"改进而成）等。

3. 野战防空导弹

用于保卫野战部队的防空导弹称为野战防空导弹。对野战防空导弹的基本要求是具有很强的地面机动能力和快速反应能力，特别是用于随行掩护的防空导弹，必须与摩托化行军部队同步行进，并在发现目标几秒内开火。就世界范围来说，野战防空导弹型号数量最多。典型的野战防空导弹有德法联合研制的"罗兰特"、美国的"复仇者"、俄罗斯的"铠甲"等。

德法联合研制的"罗兰特"防空导弹

俄罗斯"铠甲"野战防空导弹

（二）按保卫目标分

1. 区域防空导弹

用于保卫一个区域的主战型防空导弹称为区域防空导弹。这里所指的区域防空包括国土区域防空和舰队区域防空，也包括野战防空中的战区区

美国"爱国者"-3
区域防空导弹

域防空和前沿区域防空。区域防空导弹一般具有较大的射程。

2. 要地防空导弹

用于保卫一个要地的主战型防空导弹称为要地防空导弹。要地防空包括国土防空中的独立要地（如一座大桥）防空，区域防空内的要地防空，海上舰队防空范围内单条舰船的防空，野战部队集中点（面）的防空，行军中对桥梁、渡口的防空等，这类防空导弹一般是中、近程防空导弹。

美国辅助低空武器系统

3. 随行掩护防空导弹

与机械化部队同步行军的防空导弹称为随行掩护防空导弹。现代随行掩护防空导弹一般是一个火力单元即为一辆战车，因此也属于近程防

俄罗斯"道尔"防空导弹系统

空导弹，并且一般是不同射程随行掩护防空导弹组成一个随行掩护防空导弹序列，如俄罗斯的"道尔"（射程12km）、"通古斯卡"（射程8km）和"针"-10（射程5km）。随行掩护防空导弹主要用于装备陆军，也用于装备海军陆战队和空军的空降兵部队。

（三）按制导体制分

1. 指令制导防空导弹

全程由地面制导站发送指令进行制导的防空导弹称为指令制导防空导弹。指令制导防空导弹弹上设备比寻的制导导弹相对要简单些。指令制导又可分为"一般指令制导"和"惯性制导＋无线电指令制导＋半

中国采用全程指令制导的"红旗"2号防空导弹

主动雷达制导"（Track Via Missile，TVM）两种类型。

2. 寻的制导防空导弹

由弹上导引头自行测定目标相对导弹的运动参数并在弹上形成控制指令的防空导弹，称为寻的制导防空导弹或自寻的导弹。寻的制导的优点是制导精度高，并且制导精度不随射程而变化。

按目标所辐射或反射的能量种类不同，寻的制导可分为雷达寻的制导和光学寻的制导（红外、可见光、激光等）两类。按辐射源位置不同，寻的制导可分为半主动寻的、主动寻的和被动寻的三种。

二、防空导弹的"排辈"

第二次世界大战后期，德国紧急组织力量开发防空导弹，主要包括"瀑布"单级液体防空导弹、"莱茵女儿"防空导弹等。由于制导控制系统的不完善和盟军的强大攻击，

德国"莱茵女儿"防空导弹

欧洲"紫菀"防空导弹

一个也没有研制成功,但德国防空导弹专家所积累的经验,为第二次世界大战后美国和苏联防空导弹的发展打下了坚实的基础。从20世纪40年代初德国开始研究到目前为止,防空导弹已研制了三代,目前正在发展第四代。

不同发展阶段的防空导弹

防空导弹	主要能力	技术特征	代表型号
第一代	可拦截中高空飞机	液体发动机和固体推进器;全程指令制导;地面保障设备笨重复杂,作战准备时间长	"奈基"、"萨姆"-2
第二代	增加了拦截低空突防飞机的能力	固体火箭发动机,提高了导弹机动过载和低空探测制导精度	"响尾蛇"、"霍克"、"萨姆"-3
第三代	实现对目标的全空域拦截和多目标作战能力	相控阵雷达,多目标通道;复合制导体制;垂直发射	"爱国者"-2、C-300
第四代	实现对目标的直接碰撞或近似直接碰撞杀伤	利用直接力或直气复合控制实现高精度制导控制,战斗部质量和导弹发射质量显著减小,机动能力大大加强	"爱国者"-3、"紫菀"

(一) 第一代——"50后"初涉江湖

美、苏在战败国德国的科研基础上,开始研制防空导弹,在20世纪50年代登上战争舞台,这一时期的防空导弹称为第一代。这一时期的防空

美国"奈基"(胜利女神)
远程防空导弹

俄罗斯"萨姆"-2(SAM-2)
防空导弹

目标重点是采用高空、高速突防的战略轰炸机和战略侦察机,代表型号为美国的"奈基"和苏联的 C-75(SAM-2)。第一代的共同特点是属于中高空、中远程防空导弹,最大射程为 30km~100km,推进系统多为液体火箭发动机,但导弹笨重,地面设备庞大(SAM-2 的地面车辆达 50 多辆),使用维护复杂,机动性差,抗干扰性差。目前这类导弹多数已退出现役。

在第一代防空导弹发展中,SAM-2 防空导弹的出现是防空导弹发展历史上的一件大事,它是第一代防空导弹中最成功的型号,在越南战争和许多局部地区冲突中均发挥了重要作用。从 20 世纪 50 年代研制完成,经历了多次的改型,一直到 21 世纪初还在进行改进和装备。

越南战争期间,据不完全统计,在 1964 年 8 月至 1968 年 11 月间的 4 年时间里,美军损失了 915 架飞机,其中 94.85% 是被 SAM-2 等防空导弹击落的。

典型代表——"红旗"2 号导弹

"红旗"2 号是我国研制的第一代防空导弹,1966 年在"红旗"1 号的基础上研制成功,其起步

中国"红旗"2 号防空导弹

研制时间虽稍晚于西方国家,然而它是第一代防空导弹的典型代表。"红旗"2号重点是扩大了杀伤空域和提高了抗干扰能力,能够有效对抗U-2和B-52等。整个武器系统包括导弹、制导站、发射架和地面支援设备等,系统相当庞大,一套火力单元共有140多辆配套车辆。"红旗"2号及其改进型在相当长时间内担任我国的国土防空主战型号,为我国的国土防空立下了汗马功劳。

(二)第二代——"60、70后"蓬勃发展

随着第一代防空导弹的应用,飞机高空突防变得越来越难,在越南战争中表现的尤为突出。据统计,在1969年—1972年期间平均每4.6发SAM-2导弹就可击落1架飞机,因此迫使空袭方改变战术。此时随着飞机材料、防热等技术的发展,空袭改为采用低空、超低空突袭,突袭高度不断降低,甚至可以达到几十米。

法国"响尾蛇"防空导弹

第一代防空导弹由于作战空域的低界较高,低空还要受到视距限制,加上设备笨重,快速反应能力不足,难以应对低空突防的飞机。

第二代防空导弹是在50年代末至70年代末发展起来的,此时期的防御重点转向了对付低空、超低空突防的目标,同时强调防空火力的快速反应能力,快速调转周期大多在3s~4s,代表型号有苏联的C-125(SAM-3)和SAM-6、法国的"响尾蛇"、美国的"霍

俄罗斯"萨姆"-3
(SAM-3)导弹

克"等。这一代防空导弹型号只有极少数退役，大多数目前仍在服役，并经历了多次的改型。

第二代防空导弹在第四次中东战争中经受了考验。以色列被击落的114架飞机中，有62%是被埃及的苏制第二代防空导弹击落。而以色列发射22枚美制"霍克"导弹，击落阿拉伯国家20多架飞机，同样创造了一个奇迹。特别值得一提的是，在1999年的南斯拉夫战争中，击落美军隐身战机F-117的就是SAM-3导弹。

典型代表——"霍克"

"霍克"（Homing All the Way Killer，HAWK）是美国雷锡恩公司研制的一种全天候、超声速、中低空地空导弹武器系统，主要用于本土和要地防空，也可用于野战防空，既能拦截中低空飞机，又能拦截战术弹道导弹和巡航导弹。目前，仍有许多国家和地区拥有这种防

美国"霍克"防空导弹

空导弹系统。我国台湾地区拥有"霍克"地空导弹近 1000 枚和发射架约 100 部，是台湾地区目前现役主力中程地空导弹。

"霍克"导弹武器系统由导弹、三联装发射架、低空目标搜索雷达车、大功率照射雷达车、测距雷达车、指挥控制中心车、信息协调中心车、运输装填车和发电机等组成。"霍克"导弹属于第二代防空导弹武器系统，采用半主动雷达寻的制导方式，无线电近炸或触发引信，发射方式为自行式牵引三联装倾斜发射。

（三）第三代——"80、90 后"中流砥柱

进入 20 世纪 80 年代，针对第一、二代防空导弹战术特征，特别是多为单目标通道的特点，空袭方式发生了重大变化，大幅度提高了空袭的密度。在干扰机的掩护下多波次、全高度的饱和攻击成为此阶段空袭的最主要特征，多架飞机从一个通道高密度突防，只需付出少量牺牲，即可形成多架飞机突防，进入防空武器所保卫目标的上空，进行空袭。

例如，苏联可以一次出动上百架甚至几百架飞机，其中 40%~50% 为辅助作战飞机，每分钟能够达到 16 架次的流量，而一个机群的一个批次攻击可持续 6min，并且作战区域覆盖了高空、中空、低空、超低空等全方位高度。

美国"爱国者"-2 导弹发射瞬间

空中威胁的新变化又促使防空导弹向着抗干扰、抗饱和攻击、对付多目标、实现全空域拦截的方向发展,既能反飞机,也能反战术弹道导弹和巡航导弹。于是,出现具备全空域、多目标拦截能力的第三代防空导弹。第三代防空导弹最重要的技术特征是采用相控阵雷达和复合制导体制,典型代表为"爱国者"-2和С-300。

典型代表——С-300

С-300是苏联于20世纪70年代后期研制的中高空、中远程地空导弹武器系统,北约称为"格龙布"(SA-10)。系统研制单位为"金刚石"科研生产联合体,导弹研制单位为"火炬"设计局,先后研制了С-300П、С-300ПМУ、С-300ПМУ1、С-300ПМУ2,分别于1980年、1985年、1993年、1996年装备部队。除装备俄

俄罗斯С-300导弹垂直发射图

俄罗斯 C-300 垂直发射车

罗斯和独联体国家军队外，还出口给保加利亚、克罗地亚、塞浦路斯、匈牙利、伊朗、斯洛文尼亚和叙利亚等。主要用于对付各类高速飞机和巡航导弹，其改进型具有一定的反战术弹道导弹的能力。

C-300ПМУ（S-300PMU）1989年10月首次在莫斯科红场阅兵式中亮相。该系统可拦截现代作战飞机和巡航导弹，有一定的反战术弹道导弹能力，最多可同时制导12枚导弹拦截6个目标，制导方式采用末段TVM制导。基本火力单元由制导照射雷达、发射装置、筒装导弹组成，并配用了低空补盲雷达，独立作战时增配三坐标目标搜索雷达和雷达升高塔。

C-300ПМУ1（S-300PMU1）增强了反导能力，增大了射程，增加了反战术弹道导弹的能力，系统的自主作战能力、训练的水平和标准也得到显著提高。导弹系统直接采用三坐标目标搜索雷达，全部使用主发射装置。该系统在1992年莫斯科航展首次亮相，并于同年装备部队。

C-300ПМУ2（S-300PMU2）又称"骄子"，扩大了对空气动力目标的杀伤空域，增强了系统与其他地空导弹武器系统联网使用的能力。

C-300系列经过几十年的发展，已经由起初以反空气动力目标为主，发展成为反空气动力目标与反弹道式目标一体化的新一代地空导弹武器系统。C-300采用了先进的垂直发射技术，其低空性能和反战术弹道导弹能力突出，地面机动性强。正是由于采用了一系列先进技术，C-300成为第三代防空导弹武器中唯一能够和"爱国者"防空导弹系统相媲美的高手。

（四）第四代——"21世纪新生代"方兴未艾

20世纪80年代中期到90年代初期，空袭体系的组成和作战方式发生了重大变化，其主要特点有：

1. 空袭体系逐渐成形

体系组成中包括预警指挥机、侦察机、掩护干扰机、防空突击机、护航歼击机和对地攻击机（包括轰炸机、歼击轰炸机及各种对地面实施攻击的飞机），其中预警指挥机是空袭体系的指挥控制中心。

美国 E-3A 预警机

2. 精确制导武器的大量应用

精确制导武器（包括空地反辐射导弹、巡航导弹、各种地/舰空导弹和制导炸弹等）获得了广泛使用，并且显示出巨大的潜在威胁。海湾战争中，8%的制导武器打击了42%的目标，伊拉克战争中精确制导武器的比例由海湾战争的8%上升到68%，毁伤目标数量上升了4.4倍，充分体现出精确制导武器的威力。利比亚战争中，北约除了大量使用巡航导弹和飞机投掷精确制导武器打击目标外，还大量使用无人飞机进行情报搜集和精确打击，使之成为打击小型重点目标特别是移动小型目标的最佳利器。

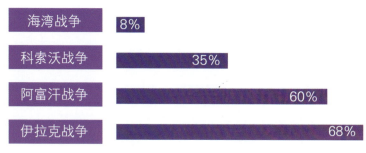

精确制导武器的投入比率对比

3. 防区外攻击战术的应用

1991年海湾战争证明了这一战术的可行性。在1999年南斯拉夫战争、2001年阿富汗战争和2003年伊拉克战争中，美军所有的空对地攻击，无一例外地都采用了防区外攻击战术，并获得成功。

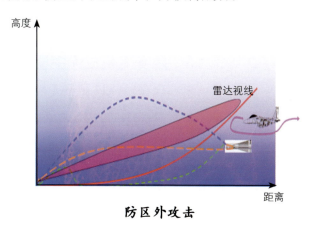

防区外攻击

4. 战术弹道导弹的应用

从海湾战争开始，战术弹道导弹（TBM）加入了空袭武器的序列，防空体系中必须加入反导武器已经成为人们的共识。

美国陆军 ATACMS 战术弹道导弹

俄罗斯"伊斯坎德尔"战术弹道导弹

5. 隐身飞机成为主要威胁之一

新一代作战飞机和无人机广泛采用隐身技术，预计2020年隐身飞机将由现在的200架左右增加到3000架。美军F-22战机采用隐身技术后，现有对空搜索雷达对其探测距离仅为F-16战机的1/3左右，目前美军装备的数量已经达到184架。

美国 F-22 隐身飞机

在现代高科技条件下的空袭作战中，空袭方首先使用无人机、侦察机等大量收集敌方的防空雷达和指挥等信息，然后在强大干扰的配合下，使用远程巡航导弹和隐身飞机防区外发射精确制导武器对防空火力实施压制。在夺取制空权后立即进入大规模、多波次的临空轰炸。

在这样的空袭形势下，迫切需要防空导弹增大射程，能够将预警机纳入防区内，将防区外攻击的飞机归入防区内；迫切需要提高防空导弹的制导控制精度，减轻远射程防空导弹的发射重量，适应远程作战的需要。为了对付弹道导弹和近距离直接杀伤空袭武器，特别是对从地面和舰面发射的巡航导弹，也必须提高防空导弹制导控制精度，以便能有效摧毁这些空袭武器。在强大的需求牵引下，第四代防空导弹的关键支撑技术——精确制导与控制技术，首先在军事强国取得突破。防空导弹的制导控制精度比第三代防空导弹提高达一个数量级，可以在大气高层（高度 40km 以上）和大气层外（对 TBM 和军事卫星）实现直接碰撞，这是防空导弹的一次革命性进步。第四代防空导弹的代表性型号是美国的"爱国者"-3、欧

欧洲"紫菀"防空导弹

洲的"紫菀"系列等。

1991年海湾战争中，伊拉克共发射了88发"飞毛腿"导弹，美军共发射158发"爱国者"-2导弹（第三代防空导弹），包括86发对真实"飞毛腿"的拦截，50发对导弹碎片的拦截和22发对虚警目标的拦截。根据美国最新统计，"爱国者"在47次拦截中只有4次击落"飞毛腿"导弹，拦截成功率只有9%。

而在2003年伊拉克战争中，伊拉克向科威特发射了15发弹道导弹，其中9发被"爱国者"-3（第四代防空导弹）拦截，5发落在无害区，未进行拦截，1发落在科威特海港，无一人伤亡。

由此可以看出，第四代防空导弹的性能得到了极大的提高。总的来说，新一代防空导弹的特点是：

（1）突出战术反导能力，发展分层拦截系统；

（2）采用命中概率高或具有直接命中目标（直接碰撞）的精确制导导弹；

（3）增强防空导弹系统的电子战能力，对

抗空袭体系的光电侦察、干扰、隐身突防和反辐射导弹的硬杀伤威胁；

（4）更多地采用固态相控阵雷达，增强远距离探测能力；

（5）采用先进的推进技术和气动外形设计，提高导弹速度；

（6）采用毫米波和红外成像导引头，提高末制导精度。

典型代表——"爱国者"地空导弹

在当今世界的防空导弹中，名气最大、经历实战检验最多的当属"爱国者"导弹。海湾战争中，"爱国者"防空导弹大战"飞毛腿"导弹的场面依然让人记忆犹新。这次战争中，"爱国者"PAC-2型导弹首次投入使用，开创了现代战争史上用导弹击落导弹的先例，一时间名声大噪。

"飞毛腿"导弹

"爱国者"是美国研制的一种全天候、全空域防空导弹，1967年开始研制，1970年试射，1985年装备部队。能在电子干扰环境下拦截高、中、低空来袭的飞机或巡航导弹，也能拦截地对地战术导弹，属于中高空、中远程防空导弹武器系统。

"爱国者"防空导弹系统先后经历了原型、PAC-1、PAC-2、PAC-3的系列化发展道路。PAC-1型改进了相控阵雷达的最大扫描仰角，于1988年12月完成，只能拦截飞机和巡航导弹。PAC-2型改进了弹上战斗部和引信,在海湾战争中得到了广泛运用。PAC-1 和 PAC-2 均采用指令制导与半主动 TVM 制导的复合制导体制。

"爱国者"导弹拦截"飞毛腿"场景

PAC-3 是洛克希德·马丁公司在"爱国者"PAC-2 系统的基础上,通过改进火控系统并换装新 PAC-3 导弹而成的全新防空系统,是美国已经装备的 TMD 系统重点项目之一,主要防御近程和中程弹道导弹、巡航导弹以及空气动力目标(如固定翼与旋转翼飞行器)。PAC-3 选用了两种导弹,一种仍为 PAC-2 系统所用的破片杀伤型导弹,通过不断改进而提高性能;另一种则是由洛克希德·马丁公司研制的直接碰撞动能杀伤拦截弹,这是一种全新的导弹,称为"埃林特"(Erint)增程拦截弹。

PAC-3 系统主要由多功能雷达站 AN/MPQ-65、作战指挥车、导弹发射车和导弹四部分组成,每辆发射车可装 16 发 PAC-3 导弹或 4 发 PAC-2 导弹。

PAC-3 系统无疑是当今世界最先进的中高空中远程地空导

美国"爱国者"PAC-2 地空导弹

美国"爱国者"PAC-2 地空导弹雷达车

弹系统之一,是第四代地空导弹的典型代表。PAC-3 系统采用了惯性制导与主动毫米波雷达寻的末制导的复合制导体制,能够保证对目标的高精度拦截,具备同时打击多个目标的能力。采用的一架多弹技术、网络化作战技术更是值得借鉴。PAC-3 系统仍在不断改进中,势必成为未来几十年美军的主打地空导弹武器。

美国"爱国者"PAC-3
地空导弹发射车

PAC-3 地空导弹

PAC-3 地空导弹雷达

三、反导武器的发展历程

1944年9月8日（第二次世界大战时期），一声巨响震撼了整个伦敦，德国的新式武器——V2导弹发动了问世以来的首次攻击，造成20余人死伤与重大财产损失，给当时的盟军带来了极大的心理威胁。

V2导弹是弹道导弹的始祖和启动弹道导弹防御技术研究的触发源。第二次世界大战结束后，世界进入了以美国和苏联为首的两大阵营全球争霸的局面。1957年8月21日，首枚洲际弹道导弹SS-6在苏联诞生。自此，弹道导弹的攻防对抗成为美苏争霸的重要战略手段。

德国V2导弹

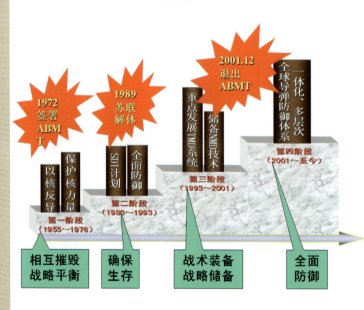

反导武器的发展历程

第一阶段：以核反导，保护核力量（1955年—1976年）

在此期间，美国与苏联均研制装备了多个系列战略弹道导弹，为取得对己方有利的战略态势，美苏双方同时大力发展弹道导弹防御技术。限于当时精确制导与控制的技术水平，选用以核反导方式，虽有一定的副作用，却是当时的最佳防御手段。最具代表的型号是美国"奈基"X系统，它是一种双层的战略弹道导弹防御系统，有两种拦截弹，均使用核弹头。其中"斯帕坦"（Spartan）导弹用于在大气层外100km~160km高度拦截来袭的弹道导弹；"斯普林特"（Sprint）导弹用于在大气层内30km~50km高度拦截来袭的弹道导弹。

第一阶段弹道导弹防御系统的主要特征如下：

（1）采用指令制导，核战斗部，实施末段防御；

（2）对拦截精度、目标识别要求不高；

（3）在作战使用方面，采用以核反导，会带来核辐射污染等负面影响，具有一定的潜在危害性；

（4）重点用于保护陆基部署的报复打击力量。

 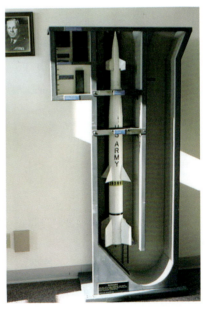

美国"斯帕坦"导弹　　美国"斯普林特"导弹

第二阶段:"星球大战"计划
(1983 年—1993 年)

在美苏争霸最激烈的时期,美国的里根总统推出战略防御倡议(SDI)计划,以建立一个能够全面防御大规模核袭击的反导系统,试图"消除战略核导弹的威胁",完全"否定"苏联的战略核力量。SDI 计划能够对大规模弹道导弹攻击实施"天衣无缝"的全面防御(来袭弹道导弹的弹头数量为上万个),目标是以"相互确保生存"的防御系统,取代"相互确保摧毁"的核威慑力量,所要建立的弹道导弹防御系统采用各种类型的先进防御武器,以及天基与地基相结合,能够对来袭弹道导弹实施全程拦截,研究的防御武器包括激光和粒子束等各种定向能武器,以及电磁炮和动能拦截弹等各种动能武器。

第二阶段弹道导弹防御系统的主要特征如下:

(1)重点启动定向能与动能防御技术研究,

美国"星球大战"计划中的天基武器

逐步确认动能反导为优先发展方向；

（2）采用全程"惯导＋中段指令＋末段寻的"制导方式；

（3）防御规模逐步缩小，由防御5000个～10000个大规模来袭弹头缩减至对付200个弹头的有限规模防御；

（4）重视中段反导目标识别研究；

（5）SDI计划未能实现，但为美国后续反导技术发展奠定了坚实的基础。

第三阶段：发展战区导弹防御与国家导弹防御（1993年—2001年）

此阶段由于苏联解体，已不存在大规模的核威慑，而战术弹道导弹（TBM）已成为现实威胁。当时全世界有30个～40个国家装备了10800枚TBM，并且在局部战争中已经开始使用。因此，1993年克林顿民主党政府上台后，对共和党政府推行10年之久的SDI计划进行全面调整，将发展"战区导弹防御系统"（TMD）作为第一重点，将发展地基"国家导弹防御系统"（NMD）作为第二重点，降格为一项"技术准备"计划。

第三阶段弹道导弹防御系统的主要特征如下：

（1）大规模弹道导弹威胁消失，重点发展战区动能反导系统，保护海外部队与盟友，同时储备国家导弹防御技术，防御有限弹道导弹对本土构成的威胁；

（2）"爱国者"末段反导系统开始进入实战部署；

（3）动能反导技术趋于成熟，动能毁伤的有效性逐渐得到验证与认可。

第四阶段：全面发展一体化的弹道导弹防御系统（2001年至今）

随着美国弹道导弹防御技术的迅速发展和日趋成熟，在苏联解体的背景下，为了研制和部署导弹防御体系以谋取战略上的绝对优势，布什总统在2001年12月13日正式宣布退出1972年美国与苏联签订的《反导条约》。自此以后，美国以技术援助、装备出口、联合研发等方式团结了盟国，拉开了与其他国家在反导技术上的差距，巩固了在反导技术领域的领先地位，并逐步推行全球弹道导弹防御，谋求构建其全球利益新的反导保护伞。

美国助推段
"机载激光武器"（ABL）

美国地基中段
拦截导弹（GMD）

弹道导弹防御系统（BMDS）的目的在于保卫美国本土、美军与盟友，能对付所有射程的弹道导弹，能在其所有飞行阶段拦截这些导弹。BMDS包括末段低层防御、末段高层防御、中段防御、助推段防御，按部署位置分为地基、海基、天基防御系统等。

1. 助推段/上升段防御

布什政府上台后，并行发展动能和定向能助推段/上升段防御系统。助推段/上升段防御无识别压力，而且保护区大，但要求快速反应，成本较高，目前尚处于探索和试验阶段。定向能助推段/上升段防御系统主要是机载激光器（ABL）计划。

美国设想的天基动能拦截武器

在发展动能拦截弹的助推段/上升段防御方面：一是天基动能拦截弹研究；二是以海军"标准"-3（SM-3）动能拦截弹为基础，研制携带助推段拦截器的高速、高加速助推火箭，发展海基助推段防御系统。

美国助推段动能拦截武器（KEI）

2. 中段防御

美国要发展的中段防御系统 MDS 用于保护美国全国,包括两大部分:一是地基导弹防御系统(GMD),拦截弹称为地基中段拦截弹(GBI),此即以前的 NMD 系统;二是海军"标准"-3(SM-3)防御系统。中段防御中对目标的识别是一大难题,美国已经适量部署了部分地基和海基中段防御系统。

GMD 系统的任务是发射 GBI 在地球大气层外拦截来袭弹道导弹弹头,由地基拦截弹上的大气层外拦截器(EKV)以碰撞方式摧毁这些来袭弹道导弹弹头。

海基中段防御系统是一种可以在海上机动部署的中段防御系统。依据部署位置的不同,

美国海基中段"标准"-3
反导拦截弹

该系统既可以拦截在中段的上升段飞行的弹道导弹，也可以拦截在中段的下降段飞行的弹道导弹。该系统以美国海军"宙斯盾"巡洋舰和驱逐舰上现有的设备为基础，主要由改进的 AN/SPY-1 雷达、"宙斯盾"作战管理系统和新研制的"标准"-3 动能杀伤拦截弹等组成。

3. 末段防御

按照布什政府的计划，美国把末段高层区域防御（THAAD）系统、PAC-3 系统等，统称末段防御系统。其中，THAAD 系统负责对战术弹道导弹的末段高层区域防御，PAC-3 系统负责对战术弹道导弹的末段低层防御。这两个系统是当前在技术上最成熟或接近成熟的弹道导弹防御系统，主要用于对近程和中程弹道导弹实施拦截。

THAAD 系统是美国陆军重点研制的一种机动部署的高空战区动能反

美国"末段高层区域防御系统"发射图

导武器系统，由 X 波段监视与跟踪雷达、动能拦截弹、八联装导弹发射车以及指挥控制、作战管理与通信系统组成。主要用来防御射程 3500km 以下的弹道导弹，也具有防御更远射程弹道导弹的潜力。

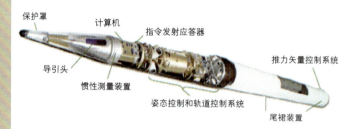

美国"末段高层区域防御系统"导弹结构图

第三章 制导技术：
神机妙算巧发威

03

　　导弹制导系统是以导弹为控制对象的一种自动控制系统，是导弹的核心组成部分，制导系统是导引系统和控制系统的总称。现代的制导系统，由于各种导弹对付的目标各不相同，应用了多种工作原理和多种设备，形成了种类繁多的制导技术。防空导弹武器使用的制导技术十分广泛。按制导体制的不同可分为遥控式制导、寻的式制导和复合制导三类。各种制导体制具有不同的特点：有的简单经济，有的精密准确，有的能对付多目标，有的能适应复杂的目标环境。本章主要介绍指令制导、寻的制导和复合制导三种制导体制，并重点介绍寻的制导体制。

一、指令制导
——"惟命是从,准确到位"

指令制导是根据导弹以外的制导站发送的无线电指令或有线指令对导弹进行导引和控制的制导方式。与其他制导方式的根本区别在于,控制导弹的指令是由地面制导站根据所测得的目标和导弹参数及选定的导引规律计算形成,并通过指令发射机发到弹上,由弹上设备接收并通过弹上控制系统完成导弹飞行控制。指令制导系统一般由目标/导弹跟踪测量装置、指令形成装置、指令发送装置、指令接收装置和控制装置组成。指令制导系统的特点是:大部分设备在地面,成本便宜;但制导精度不如寻的制导。

目标/导弹跟踪装置是制导系统的信息源,是制导系统的核心组成部分,可以采用雷达、红外探测器和电视跟踪器等手段来实现,但使

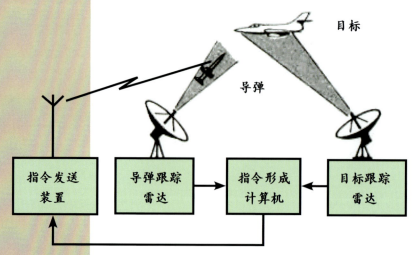

雷达指令制导示意图

用最为广泛的仍是跟踪制导雷达。雷达指令制导有绝对坐标体制和相对坐标体制两种。前者用两部雷达分别跟踪测量目标和导弹,而后者用同一部雷达同时跟踪测量目标和导弹,此时可用装在导弹上的应答器来区别目标和导弹。由于相对坐标体制制导精度较高,因而使用较为广泛。目标/导弹跟踪装置所需测量的信息取决于所选用的导引规律,理论上指令制导可采用任何一种导引规律。

指令形成装置根据所选定的导引规律和目标/导弹参数进行比较计算,以形成导弹控制指令,可以用模拟计算机或数字计算机来实现。通常选择导弹偏离理论轨迹的线偏差作为控制指令参数,它包括对应于某种导引规律的前置信号和导弹目标偏差形成的误差信号两部分,为提高控制精度,以及减少由各种干扰产生的脱靶量,往往还要进行各种补偿和修正。

指令传输装置将控制指令转化为便于传输的无线电信号并向弹上发送。指令传输通道称为遥控线或上行线,是实现无线电指令制导的重要环节,一旦受到干扰将影响全系统工作,因此通常还要对指令进行调制和编码。

指令接收装置接收无线电指令并进行解调、解码,形成对导弹的控制指令,通过弹上执行控制装置控制导弹、调整飞行轨迹并准备命中目标。

采用无线电指令制导的
俄罗斯"萨姆"-2防空导弹

无线电指令制导是最早运用于防空导弹的制导体制。其突出特点是：弹上设备简单，导引方法灵活，便于人工干预。制导精度主要取决于制导雷达精度并随作用距离的增加而降低，因此通常用于中、近程防空导弹或是中远程防空导弹的初段或中段制导。

在美国的"爱国者"、苏联的"C-300"等中高空防空导弹中采用了一种称为TVM（经由导弹跟踪）的制导体制。它实质上是一种指令制导的演变形式，与通常指令制导的区别在于，除了地面制导雷达还用了类似寻的制导体制中的寻的导引头来实现目标跟踪测量。由地面制导雷达采用自适应加权方式综合来自地面制导雷达和弹上寻的导引头的目标信息，形成制导指令并通过无线电信道向导弹发送，控制导弹命中目标。由于采用弹上寻的头制导精度较通常指令制导高，两种信息综合运用改善了抗干扰能力，同时采用地面跟踪雷达可弥补寻的制导不易区别小编队目标的缺陷。但由于导弹制导依赖于地面雷达，限制了武器系统对付多目标能力的提高，而且由于增加了下行线，不利于武器系统抗干扰。

二、寻的制导——"自我鞭策，奔向目标"

寻的制导是利用目标辐射或反射的能量（如微波、毫米波、红外、激光、可见光等），由弹上探测制导设备测量目标导弹的相对运动参数，按照一定的导引方法形成制导指令，引导导弹自动飞向目标。

按照有无照射目标的能量源以及能量源的位置，寻的制导可分为主动寻的制导、半主动寻的制导和被动寻的制导三种基本方式。在寻的制导系统中导引头接收的目标辐射和散射能量，可以是光、电、热和声等多种形式。因此，导引头的类型也多种多样，根据寻的制导所利用的电磁波波段不同，可将寻的制导分为射频制导和光学制导两种主要类型。

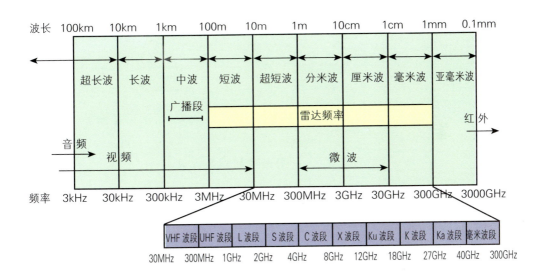

电磁波频谱示意图

（一）射频寻的制导

从频段划分的角度来看，射频频谱覆盖了 30MHz~300GHz 的广阔区域。射频制导技术因具有全天候、全天时、测量精度高和作用距离远等特点而备受青睐，在精确制导武器中得到了广泛运用，并主要工作在微波段或毫米波段，在精确制导领域常称为微波/毫米波制导技术。

寻的制导导引头接收无线电波的来源不外乎三种情况，既可能是由弹上雷达（如导引头本身）向目标辐射后再反射回来的，也可能是由其他地方专门的雷达（如地面制导雷达）向目标辐射后再反射回来的，还可能是由目标直接辐射出来的。根据这三种不同的目标信息来源，可以对应地将射频寻的制导分为主动式、半主动式和被动式寻的三种制导方式。

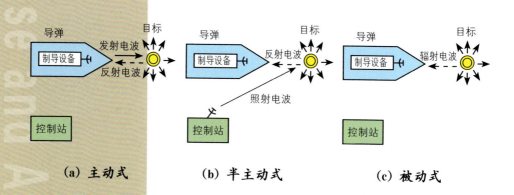

射频寻的制导方式

1. 微波寻的制导

微波是指频率范围为 300MHz~30GHz 的电磁波，它覆盖了大部分雷达频段。微波制导是利用装在导弹上的设备接收目标发射或反射的微波，实现对目标的跟踪并形成制导指令，引导导弹飞向目标。微波寻的制导可以分为主动制导、半主动制导和被动制导体制。

微波寻的制导目前被广泛使用，其特点是具有全天候性能，作用距离远。微波寻的制导的工作频谱范围主要在厘米波段，例如，工作波长为 2cm 或 3cm。战术导弹上的微波寻的头天线口径长度（口径线长度与工作波长之比）较小，空间分辨力较低，跟踪精度及下视能力受到一定限制。

1）微波主动寻的制导

主动寻的制导依靠弹上寻的制导装置向目标照射电磁波，并由其接收机接收目标反射回的部分电磁波，利用回波信息完成对目标的搜索、捕获、识别和跟踪。主动寻的制导的一个突出特点就是"发射后不管"，其导引头实际上是一部完整的雷达系统，既有接收机又有发射机，能够在一定空域内自动完成对目标的搜索、截获、跟踪直至拦截。导弹越接近目标，对目标的分辨能力越强，命中精度越高。但由于导弹重量、尺寸等因素的限制，弹上寻的制导装置发射的信号能量不可能像地面雷达那么高，作用距离不可能很大，主要维持在10km量级，所以主动寻的制导主要应用于精确制导武器的末制导。

微波主动式导引头主要包括收发一体的天线、伺服稳定平台、发射机、接收机和信号处理机等。

空中威胁越来越具备多目标、多方位、多层次的饱和攻击特征，只有"打了不管"的主动寻的制导技术，才能实现数弹齐发，以密集火力应对饱和攻击。因此，主动寻的制导已经成为现代战争对导弹制导技术发展的必然要求，并广泛应用在诸多防空、反舰导弹中。典型的有，德国MFS-90地空导弹采用脉冲多普勒体制的主动导引头，工作在Ku波段，作用距离为10km~15km；法国SAAM舰空导弹采用Ku段主动雷达导引头，作用距离为10km；法国"飞鱼"系列反舰导弹采用X波段主动雷达导引头，并使用单脉冲测角体制，搜索距离大于15km。

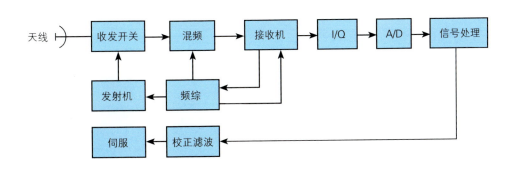

微波主动式导引头原理框图

2）微波半主动寻的制导

半主动寻的制导系统的电磁波能量来自地面、军舰或飞机上的制导站。由制导站的照射雷达向目标发射电磁波，导弹上的接收机一边接收目标的回波信号，另一边接收制导站的照射信号。照射信号作为基准信号，经两种信号比较处理提取出目标的位置和距离数据，然后由弹上计算机算出导弹飞行误差，控制飞行弹道。

半主动式导引头主要包括天馈系统、尾部接收机、头部接收机、信号处理机和一个用以控制头部天线的跟踪环路。由于照射雷达的功率和天线都较大，所以半主动寻的制导的作用距离比主动寻的制导远，且弹上制导设备简单、成本低。半主动寻的制导最大缺陷是照射雷达要始终对准目标、所以易遭敌方反辐射导弹的攻击。为减少反辐射导弹攻击的可能，照射雷

美国"不死鸟"空空导弹

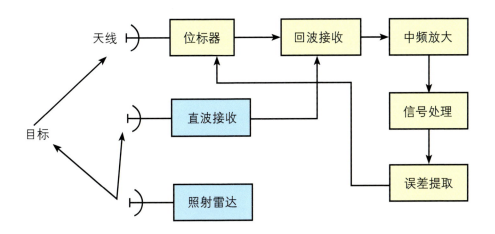

微波半主动导引头原理框图

达将采用一种低功率、宽频带、低旁瓣、编码脉冲调制形式的低截获概率雷达;未来实现攻击多个目标,照射雷达将采用时序转换波束照射多个目标技术,使之能给多枚导弹提供中段制导。如美国的"不死鸟"空空导弹(广义上讲空空导弹也可归属为防空导弹),照射雷达采用时序转换波束的方法同时制导 6 枚导弹攻击 6 个空中目标。

目前,已有 20 多种战术导弹装有半主动式雷达导引头。早期的半主动式雷达导引头采用非相干脉冲体制,抗干扰性能和低空抗杂波能力较差,已被逐渐淘汰。

以目标的多普勒频率为检测对象的连续波半主动雷达导引头可以在地物杂波环境中有效地探测目标,而且设备简单、成本低、导引精度较高,因此是半主动寻的制导体制采用较多的方式。20 世纪 60 年代以后出现的美国"改进霍克"、"不死鸟"和"标准",苏联"萨姆"-6、英国"天空闪光"、"海标枪",以及意大利"阿斯派德"导弹等都采用连续波半主动导引头,有效地应对了低空或中低空飞机突防、施放电子干扰的空袭机群和入侵舰艇等的威胁。其中,"标准"导弹是美国海军装备最多的中远程舰空导弹,美国海军 1969 年装备 SM-1 导弹,采用 X 波段全程半主动雷达寻的导引头,1979 年装备的 SM-2 仍采用半主动雷达寻的

采用全程微波半主动寻的制导的美国"霍克"导弹

导引头,1981年装备的增程型SM-1和增程型SM-2采用"惯导+指令+半主动雷达"复合制导,导引头仍为半主动雷达体制,没有大的变化。

3) 微波被动寻的制导

被动寻的制导系统本身并不辐射电磁波,只是接收目标辐射或反射的电磁波来实现对目标的搜索、捕获和跟踪。其关键部件是高灵敏度、宽频带的接收机和宽频带的天线,能够在很宽的频率范围内工作,能探测各种微波辐射源,同时具有良好的选择能力,能从接收到的不同辐射源发来的合成信号中分选出想要捕获的目标信号。

被动寻的制导技术主要应用于反辐射导弹中，被动寻的导引头主要包括天线及馈线、辐射计、信号处理及误差提取电路、角跟踪回路等。

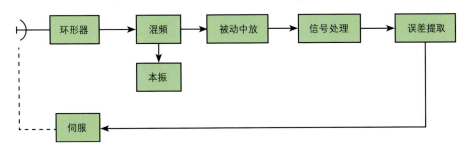

微波被动导引头原理框图

2. 毫米波寻的制导

从微波时代开始以来，人们用了近 50 年时间才取得一项重要突破——进入与微波具有同样前景的毫米波频谱区域。毫米波的波长为 1cm~1mm，其频率范围为 30GHz~300GHz，毫米波介于微波和红外波段之间，兼具微波全天候和红外分辨率高的优点，是精确制导武器较为理想的可选波段之一。

与微波导引头相比，毫米波导引头具有如下几个主要优点：

（1）导引精度高。导引精度取决于对目标的空间分辨率。由于毫米波天线波束窄，因此毫米波导引头能够提供极高的测角精度和角分辨率。分辨率高,跟踪精度就高,而且使用窄波束还能使导引头具有一定的成像能力。

（2）抗干扰能力强。毫米波导引头工作频率高，通频带比微波大。由于频谱宽，可以使用的频率多，在接收时不易受敌方干扰；同时，毫米波旁瓣可以做得很小，以低功率发射时敌方截获困难，抗干扰能力强。

（3）多普勒分辨率高。由于毫米波的波长短，同样速度的目标，毫米波雷达导引头产生的多普勒频率比微波雷达要大得多。因此，毫米波雷达导引头从背景杂波中区分运动目标能力强，对目标速度鉴别性能好。

（4）低仰角跟踪性能好。由于毫米波段天线的波束较窄，减小了波束对地物的照射面积，可以减小多路径干扰及地物杂波，有利于低仰角跟踪。

（5）具有穿透等离子体的能力。导弹头罩由于气动加热而对空气热电离，使导弹周围形成等离子体，对无线电波会有严重的反射和衰减。而吉赫（GHz）波段以上频率工作的导引头，特别是远高于等离子体频率的毫米波，在传输中的反射和衰减都很弱。

（6）体积小、重量轻。毫米波天线尺寸小、元器件尺寸也小，这使得毫米波制导系统体积小重量轻，非常适合做受弹体尺寸限制的弹上末制导系统。

毫米波雷达导引头的主要缺点是，由于大气的吸收和衰减，即使在气候条件较好时，其作用距离也只有 10km~20km。毫米波在大气中的传输损耗比微波大，在雨中衰减明显。但与红外线相比，主要优点是能在雨雾烟尘下正常工作，具有准全天候性能。

主动式毫米波雷达导引头可以"发射后不管"，有效应对多目标攻击问题，能够提高移

| 20世纪70年代末、80年代初 | 20世纪90年代中后期 PAC-3 采用 Ka 波段主动寻的 | 21世纪雷锡恩公司将 PAC-3 改进到 C 波段半主动/Ka 波段主动双模制导 | "幼畜"、"海尔法"空地反坦克导弹 3mm 导引头已飞试 |

| | 毫米波器件单片集成器件生产、测试设备配套、导引头研制完整体系 进入装备 | "哈姆"AGM-88E 反辐射导弹采用毫米波主动雷达技术，提高抗雷达关机与精确摧毁地面防空力能力 | "黄蜂"空地导弹 3mm 主被动双模 |

毫米波寻的制导技术发展历程

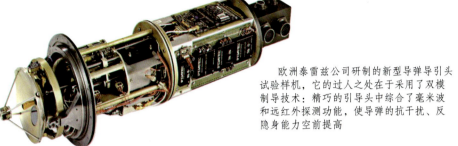

欧洲泰雷兹公司研制的新型导弹导引头试验样机，它的过人之处在于采用了双模制导技术：精巧的引导头中综合了毫米波和远红外探测功能，使导弹的抗干扰、反隐身能力空前提高

法国研制的毫米波／红外双模导引头试验样机

制导系统

导引头

美国"爱国者"PAC-3增程拦截弹的制导系统与导引头

动装载平台的安全系数。其存在的主要问题是，距离目标较近时受目标角闪烁效应影响较大，即复杂目标的多散射中心合成使得目标视在散射中心发生跳动，导致雷达瞄准点漂移，产生严重的测角误差，造成目标丢失。被动式毫米波雷达导引头能够有效克服上述不足，削弱目标闪烁噪声影响，提供近距离跟踪精度。其实质是一个测量目标辐射能量的毫米波辐射计，它不发射能量，只接收目标辐射的能量。因此，其探测距离也受到了限制，当要求增大作用距离、提高跟踪精度、抑制目标闪烁噪声时，常采用主被动双模式导引头。其工作顺序为主动模式扫描搜索、截获转跟踪、主动跟踪转被动跟踪直到命中目标。

毫米波寻的制导技术的发展始于20世纪70年代，当时毫米波雷达导引头大量采用常规的波导元件，主要研究基本原理的正确性和目标特征数据记录。80年代重点开展微波集成、单片集成、收发一体化、高功率发射器件等研究和研制工作。自90年代以来，美国的微波毫米波集成电路规划取得了重大突破后，新型高效的大功率毫米波功率源、介质天线、集成天线、低噪声接收机芯片等相继问世，毫米波器件的进步极大地推动了毫米波寻的制导技术的发展。目前，用于各种战术导弹上的毫米波雷达导引头，正成为美、俄等军事大国的研制热点。

在对空攻击导弹方面，美国洛克希德·马丁公司研制的"爱国者"PAC-3 导弹和英国的主动式"天空闪光"导弹采用的都是毫米波导引头，德国 BGT 公司和 EADS 公司联合研制

毫米波寻的制导技术发展趋势

的新型空空导弹采用的是毫米波雷达/红外复合导引头，法国泰雷兹公司也已完成新型空空导弹导引头试验样机的研制，该导引头采用毫米波/红外双模制导技术，使导弹的抗干扰能力大大提高。

随着目标识别需求的出现，毫米波制导体制已由非相参发展至高分辨一维成像，并正在发展性能更为优越的二维成像制导技术，频段也由8mm向3mm、亚毫米波拓展。目前，重点开发指向精度高、反应速度快、便于弹上应用的毫米波共形相控阵成像制导技术，以及实用化混合集成、单片集成的元部件技术。

（二）光学寻的制导

光学制导技术是指以光作为信号载体，通过探测目标辐射或反射的光信号，实现对目标信息获取的探测制导方式。至今已有70%的精确制导武器采用了光学制导技术。光学波段覆盖了从紫外、可见光和红外的频谱范围。目前，光学制导技术的研究主要包括可见光（电视）成像制导技术、红外制导技术、激光制导技术和多波段复合制导技术。其中，激光的工作波段主要位于可见光或红外波段，但是由于光源的特殊性，经常将其作为一种单独的分类列出。

1. 可见光（电视）成像制导

可见光（电视）成像制导是利用可见光CCD（或电视摄像机）作为制导系统的敏感器件获得目标图像信息，形成控制信号，从而控制和引导导弹或炸弹飞向目标的制导方式。

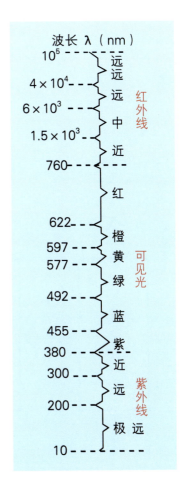

光学波段划分示意图

可见光（电视）成像制导系统由光学系统、电视摄像机、电视自动跟踪电路和伺服系统构成。电视制导技术主要有以下三种：

（1）电视寻的制导：电视摄像机装在精确制导武器的弹体头部，由弹上的摄像机和跟踪电视自动寻的和跟踪目标。

（2）电视遥控制导：精确制导武器上装有微波传输设备，电视摄像机摄取的目标及背景图像用微波传送给制导站，由制导站形成指令再发送回来，导引精确制导武器命中目标。这种制导方式可以使制导站了解攻击情况，在多目标情况下便于操作人员选择最重要的目标进行攻击。

（3）电视跟踪指令制导：外部电视摄像机捕获、跟踪目标，由无线电指令导引精确制导武器飞向目标。

电视制导系统能够可靠地辨识目标、识别敌我，不向外辐射无线电波，不会被敌方的电

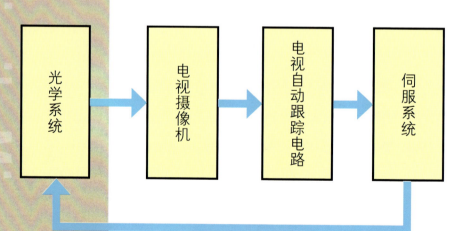

可见光（电视）成像制导系统组成

子干扰装置所干扰。由于电视的分辨率高，拥有很高的制导精度、工作可靠等优点，总体来说是一种较好的末制导技术。一方面，可见光（电视）制导技术由于对外部光照的强烈依赖性，限制了其在很多领域的应用；另一方面，其高精度、高灵敏度的特点又使得可见光制导技术在大气层外的应用具有独特的优势。例如，美国的大气层外反导拦截器就装有可见光寻的器，用于远距离、高分辨率的探测目标；一些地地导弹采用星光导航作为中制导的重要手段，其在原理上也属于可见光成像制导技术的范畴。

装有可见光寻的器的
大气层外拦截器

电视制导技术的应用始于第二次世界大战，最早是美国研制的滑翔炸弹。迄今为止，美、俄等军事强国又先后研制并装备了电视导引的"标枪"等型号导弹。另外，可见光寻的制导在空间攻防领域也具有广阔的应用前景。目前，可见光（电视）制导技术正朝着自主寻的、高精度、智能化和轻小型化方向发展。

美国"标枪"导弹

2. 红外制导

自然界的一切物体只要温度高于0K（-273.15℃），都会因微观运动而辐射出红外线。物体温度越高，微观运动越剧烈，辐射能量越大；反之，辐射能量越小。红外辐射具有两个重要特征：

（1）大气、烟云等吸收可见光和近红外线，但对于两个"大气窗口"（3μm~5μm 和 8μm~12μm）的红外辐射是透明的。人们利用这两个透射窗口，可以在毫无光照的黑夜，清晰地勘测前方情况。正是红外线这个优良的特性，使得红外热成像技术广泛应用于军事夜视领域，各种探测装置可以完成全天时监测。

（2）物体的热辐射能量大小，直接和物体表面的温度有关。通过红外探测器将物体辐射的功率信号转换成电信号后，成像装置的输出信号就可以完全一一对应地模拟扫描物体表面温度的空间分布，经电子系统处理，传至显示屏上，得到与物体表面热分布相对应的热像图。

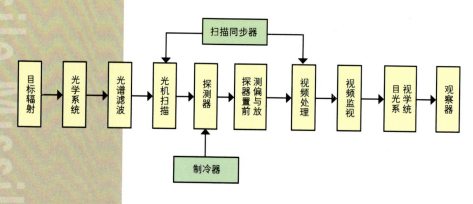

扫描红外成像制导系统的原理框图

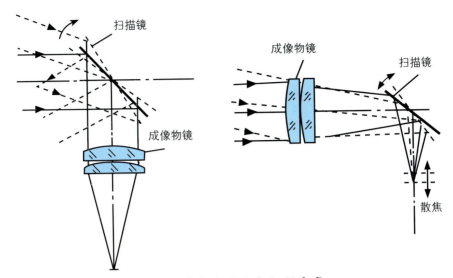

扫描红外成像的基本扫描方式

红外制导技术就是利用红外探测器对目标红外辐射的探测，实现对目标的检测、识别与跟踪，根据探测结果向飞行器控制系统输入目标位置信息，控制飞行器飞向目标。红外制导技术经历了红外点源或亚成像制导、扫描红外成像制导、凝视红外成像制导三个发展阶段。

20世纪70年代中期以前属于红外制导技术发展的第一阶段，主要采用红外点源或亚成像制导，典型特征为采用单元探测器或四象限探测器、不成像。在60年代中期以前，红外制导系统的探测器采用不制冷的硫化铅，信息处理系统为单元调制盘式调幅系统，工作波段为 $1\mu m \sim 3\mu m$，灵敏度低，抗干扰能力差，跟踪角速度低。这一代的典型产品有美国的"红眼睛"，俄罗斯的K-13、SAM-7等。这一时期的红外制导武器主要用于攻击空中速度较慢的飞机。60年代中期到70年代中期，红外制导系统的

美国"红眼睛"地空导弹

探测器采用了制冷的硫化铅或锑化铟，工作波段已延伸到 3μm~5μm 的中波波段，改进了调制盘并提高了位标器的跟踪能力，同时在信号处理电路上进行了改进。

20世纪70年代中后期是红外制导技术发展的第二阶段，主要采用扫描红外成像制导方式，典型特征为包含扫描机构，通过扫描对目标场景成像。红外探测器采用了高灵敏度的制冷锑化铟，并且改变了以往的光信号调制方式，多采用圆锥扫描和玫瑰线扫描，也有非调制盘式的多元脉冲调制系统，具有探测距离远、探测范围大、跟踪角速度高等特点，有的还具有自动搜索和自动截获目标的能力。因此，这一代的红外制导武器可以全向攻击机动能力大的目标，典型产品有美国的AIM-9L、苏联的R-73E、以色列的"怪蛇"-3、美国的"毒刺"及法国的"西

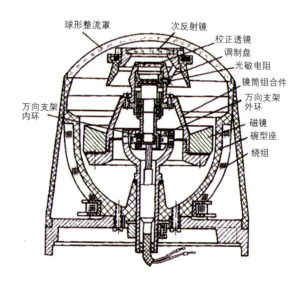

美国"毒刺"单兵地空导弹的红外导引头

北风"等防空导弹。红外成像制导技术最先应用于美国 AGM-65D 空地反坦克导弹，随着相关技术的飞速发展，目前红外成像导引头也广泛扩展到空空导弹、防空导弹、巡航导弹以及末制导炮弹中。

从 20 世纪 70 年代末至今为红外制导技术发展的第三阶段，主要采用凝视红外成像制导技术，典型特征为不含扫描机构，单次曝光可得

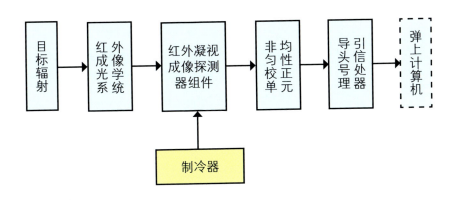

凝视红外成像制导系统的基本组成

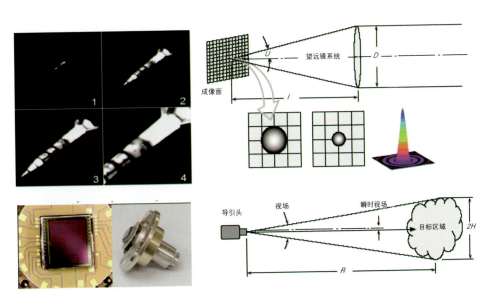

凝视红外成像制导系统的　　　凝视红外成像制导系统的
　探测图像和探测器　　　　　　工作原理示意图

到二维图像。探测波段也从最初的短波红外（1μm~3μm）和中波红外（3μm~5μm）扩展到长波红外（8μm~12μm），从而使探测距离、跟踪精度等诸多性能大幅度提高，具有了更高的抗干扰能力、真正意义上的全向攻击能力和易损部位选择攻击能力，实现了"发射后不管"。凝视红外成像制导技术是以大规模红外面阵探测器的出现为基础的，随着128×128、256×256的短波、中波和长波红外探测器（如InSb、HgTeCd）的成熟，从而使凝视红外成像制导技术得到应用。这一代的红外制导武器典型产品有美国的AIM-9X、英国的ASRAAM、法国的"麦卡改进型"、以色列的"怪蛇"-4和俄罗斯的"AA-11射手"等空空导弹，美国的THAAD反导导弹、以色列的"箭"-2防空反导导弹。其中，AIM-9X的红外成像导引头，代表了现役空空弹红外导引头的最高水平。AIM-9X导引头以最小的体积，最先应用了焦平面探测器和凝视红外成像技术，获得了极为灵敏的探测能力，很好地解决了对

美国 AIM-9X 导弹

军用目标的全向攻击问题。它还采用了半捷联位标器,实现了前半球跟踪;采用高速 DSP 实现了全数字化的信号处理,较好地解决了抗红外诱饵干扰的问题。

下一代红外制导技术将向双色和多色复合方向发展,其典型标志是作为核心部件的红外面阵探测器将不同波段的敏感元集成在单片器件上,在光学系统中不用再进行分光投射到不同的探测器上,从而能够形成高度集成化的双色或多色成像系统。双色红外成像具有更好的抗干扰能力和目标识别能力。美国的"标准"-3 反导导弹采用中波和长波双色凝视红外成像导引头,经过多次试验,已证明了具有较强的目标识别能力,一些空空导弹采用短波和中波双色凝视红外成像导引头,以增强近距格斗能力。

美国"标准"-3 拦截器
双色导引头

3. 激光制导

激光制导是由弹外或弹上发射的激光束照射目标,弹上的激光导引头等制导装置利用目标漫反射或敏感发射光束,跟踪目标导引导弹或制导炸弹命中目标的制导技术。

激光制导分为激光驾束制导、激光半主动寻的制导和主动激光成像寻的制导。

1）激光驾束制导

激光驾束制导属遥控制导，激光驾束制导武器系统由激光照射系统和导弹组成。激光驾束制导的工作原理是：武器控制系统通过发射瞄准装置瞄准跟踪目标并发射导弹，同时与发射制导装置瞄准线同轴安装的激光发射装置向目标空间发射经编码调制的激光束，激光束在导弹飞行的空间形成控制场，导弹发射后在激光束中飞行。导弹尾部装有可以感应导弹偏离激光控制场中心的光电探测装置，当导弹偏离控制场中心时，弹上探测装置可以测出偏离的大小和方向，弹上制导控制装置将此偏离信号经处理运算，形成控制信号，将导弹修正到瞄准线上，直至击中目标。

激光单色亮度高、方向性强、相干性好，可准确地定向发射，进行多种编码。激光驾束制导能取得很高的制导精度，很强的抗干扰能力。与有线指令制导相比，激光驾束制导去掉了导线，导弹飞行速度可以更快、机动性更强；激光接收器背对目标安装，抗干扰能力很强。

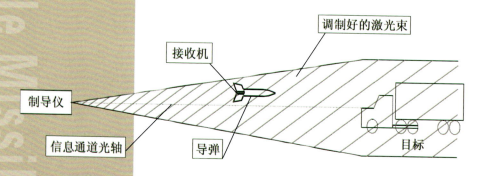

激光驾束制导原理示意图

较采用导引头的寻的制导体制相比,激光驾束制导具有结构简单、成本低廉等优点。

2)激光半主动寻的制导

激光半主动制导属于寻的制导,典型的激光半主动制导武器系统主要由带激光半主动导引头的导弹(炸弹、炮弹)及发射平台和激光目标指示器构成。激光半主动制导的基本原理是:射手发射导弹,并向目标发射经编码的激光波束,保持跟踪照射目标,导弹上的导引头根据目标反射的激光回波信息,按照选定的制导和控制规律控制导弹,最终命中目标。

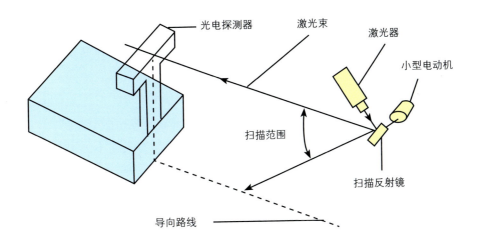

激光半主动制导原理示意图

激光半主动制导,具有很高的制导精度和较强的抗干扰能力,可实现有限的"发射后不管"。与红外成像寻的制导相比,具有系统构成较简单、成本较低的优点;与激光驾束与指令制导等遥控制导体制相比,具有发射点与照射点配置灵活,无需全程照射目标,射程不受限制等优点。另外,由于在射击中必须有射手参与进行目标识别与照射,导引头只识别跟踪特定编码的激光信号,因此,可大大提高命中精度,并最大限度地避免误伤和重复杀伤。

3）主动激光成像寻的制导

虽然激光驾束制导技术和激光半主动制导技术具有精度高、抗干扰能力强、成本低的特点，但是必须由地面激光照射，无法攻击高空或远距离打击的目标，且无法满足地面目标（特别是伪装目标）和空中目标识别的要求。因此，研究具有更加丰富目标信息的主动激光成像制导技术成为目前激光制导技术发展的重点。主动激光成像制导技术具有获取目标三维甚至四维信息的潜力，不仅能获得目标的二维角位置信息，还能够获得目标的灰度信息、距离信息甚至是多普勒信息，能够有效提升精确制导武器系统的目标识别能力、命中点选择能力、抗干扰能力和跟踪高机动目标的能力。主动激光成像制导技术分为扫描型和非扫描型两种。

（1）扫描型根据工作方式的不同可分为点扫描型和推扫描型。

① 点扫描型是指目标信号接收器件采用单元探测器，通过改变激光光束的照射方向（机械扫描或电子扫描），实现对整个视场的扫描，然后将单元探测器随时间的输出排列在空间上，得到目标区域的图像，这种方式一般多用在空地导弹或反装甲导弹上。

② 推扫描型是指激光成像系统自身没有扫描装置，在静止状态下可得到目标区域的一维方位像和距离像，安装在弹体上，随着弹体的移动，得到三维图像信息，这种方式一般多用在巡航导弹上，用于下视图像匹配。

（2）非扫描型是指采用面阵成像探测器件，自身不含扫描装置，一次曝光即可得到目标区域的三维图像，类似于红外中的凝视成像，但是比凝视红外成像具有更加丰富的目标信息，如距离等。相比扫描型，非扫描型的主动激光成像制导技术结构简单，不含扫描机构，成像速率高，制导精度高，可用于防空、巡航、空地、反装甲等多种武器，是目前研究的一个热点，但技术成熟度离武器的实际应用要求还存在一定差距。

目前，非扫描主动激光成像技术的研究集中在三种体制：

① 鉴相法非扫描型激光雷达其中包括两种途径：由美国桑迪亚实验室研制的对连续激光进行幅度调制的非扫描型激光雷达成像技术（AM/CW），和由美国怀特空军实验室研制的对连续激光进行频率调制的非扫描型激光雷达成像技术（FM/CW）。

② 美国 Arete Associates 公司开发的条纹管成像激光雷达。

③ 采用固体脉冲激光器和带计数功能的盖革模式雪崩光电管（APD）闪光式激光雷达。

鉴相法的优点是测距精度和空间分辨率高，缺点是对背景光敏感，作用距离较近；条纹管成像激光雷达的优点是作用距离较远，缺点是距离分辨率和空间分辨率都比较低，且需要在移动平台上推扫使用或加扫描装置，

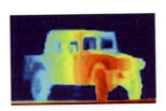

三维距离像

目标强度像

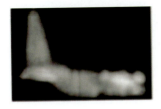

二维强度像

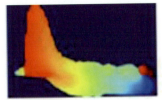

三维强度距离像

激光成像效果图

因此并不是严格意义上的非扫描。闪光式激光雷达的优点是体积小，工作速度快，缺点是器件存在瓶颈，集成探测阵列像元较少，空间分辨率低，距离分辨率也不高。

英国 BAE 公司正在研制一种应用于导弹防御的中波红外/激光雷达复合导引头，其中的激光雷达采用闪光式激光雷达方式，采用 532nm 的固体激光器和盖革模式 APD 阵列探测器，能够提供角度—角度—距离—亮度信息（AARI），目前已完成原理样机的研制，若采用林肯实验室的探测器，则距离分辨率可达到 75mm。德国 Diehl BGT 防御公司正在研制的一种用于扩展防空（EAD）和弹道导弹防御（BMD）的小型红外和激光雷达（IR/LADAR）双模导引头，该双模导引头具有自主制导、目标探测和分类/识别等功能。导引头工作时，LADAR 导引头采用高功率激光脉冲照射选择的目标，反射的激光通过接收光学设备在焦平面上成像，

激光雷达导引头

然后对图像高速采样，生成三维信息（角—角—距离）。

主动激光成像制导技术是下一代光学探测制导技术的一个重要发展方向，与原有光学制导技术相比，具有主动探测的特征，可获得更为丰富的目标信息。目前，以防空反导导弹、巡航导弹和空地导弹等多种武器装备为背景的主动激光成像制导技术正处于技术探索和预研过程中，将为下一代精确制导武器的探测制导技术发展提供支撑。

三、复合制导——"优势互补，同舟共济"

不同的制导体制有不同的优点，但又都有它们各自的局限性。特别是随着电子对抗、隐身目标、反辐射武器、饱和攻击、防区外发射武器等威胁的日趋严峻，单一制导方式更加难以满足新的需求。将这些不同的制导方式适当组合后综合运用，则可以扬长避短，发挥各自的优势，这种复合运用多种制导方式的体制就是复合制导。复合制导系统的特点是，制导设备涵盖地面及弹上设备，制导精度高，但成本也高。

按照复合方式的不同，复合制导可分为串联式复合、并联式复合及串并联复合三种。

（1）串联式复合是指在导弹飞行不同阶段采用不同的制导体制，这种复合方式的突出优点是可以提高制导距离、增加导弹射程，是中远程防空导弹的主要制导方式，主要有自主加寻的、自主加指令、指令加寻的、自主加指令加寻的等方式。

（2）并联式复合是在同一制导段具有多种制导方式，它可以是不同波段的复合（也称为多模复合），也可以是不同种类的复合。这是对付复杂目标环境和抗干扰的有效途径，如微波/红外成像、毫米波/红外成像、红外/紫外、主动/被动等。

（3）串并复合则是既有不同制导段的复合，又有同一制导段的复合。不同的复合方式具有不同的特点，例如，"自主+寻的"复合制导，既可以利用寻的制导的高制导精度特点，又可以用自主式制导弥补寻的制导作用距离不足等弱点。微波/红外成像复合既可利用微波作用距离远、具有全天候使用能力的优点，又可利用红外成像优良的抗电子干扰能力和反隐身能力，提高其抗干扰能力及低空性能。这样可在使用中根据干扰环境的变化，自适应地转换制导方式以提高武器在复杂环境中的作战能力。

随着防空导弹面临威胁环境的日趋复杂，复合制导得到了越来越广泛的运用。如苏联的SA-10、美国的"爱国者"等中远程防空导弹就采用了"自主＋指令＋TVM"的复合制导，事实上射程在50km以上的防空导弹均采用了复合制导，新一代武器系统越来越多地采用多模复合制导。

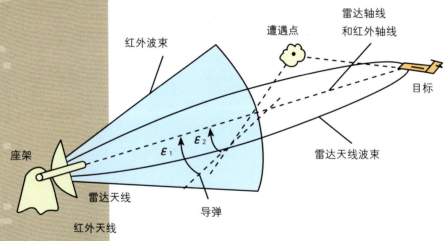

多模复合制导示意图

第四章 应用分析：布阵斗法意不休

04

古人云：天时不如地利，地利不如人和。这从一个侧面说明在战场上人无疑是最为重要的因素，但战场环境也十分重要。在科技不发达的古代，在战场上占据有利地形环境的一方，往往能居高临下，势如破竹。在科技日新月异的今天，战场环境被极大的拓展了，不再单纯的指地形、地势、天气等自然环境，还包括了电磁环境、目标环境等新的环境概念。因此，对于现代战场所处的环境进行研究利用就比以往显得更加重要。可以说，战场环境就如同一把"奇门兵器"，擅长使用的就能在战场上事半功倍，不会使用的就会处处受制于人。

一、防空反导导弹面临的复杂战场环境

战场环境是一个复杂系统,它具有广泛性、动态性、不确定性和复杂性等特点,其中复杂性是战场环境最显著的特点。

复杂战场环境是指在一定的战场空间内,一切对作战有影响的电磁活动、自然现象及相关条件的总和。通常,复杂战场环境主要包括复杂电磁环境、复杂自然环境以及复杂目标环境等几种类型。

"波谲云诡"的复杂电磁环境

现代战争是信息化的战争,交战双方虽未开战,但在情报搜集、电子侦察/反侦察等电磁领域的较量早已针锋相对地展开。

无线电技术的发明和军事应用,使电磁环境成为复杂战场环境成员中的新贵,成为影响防空导弹能否一招置敌的重要因素。交战时,

美国 EA-6B 电子战飞机

敌我双方围绕对电磁频谱的使用权和控制权展开激烈的争夺，可以说，谁控制了电磁频谱，谁就在一定程度上掌握了防空导弹的控制权，从某种意义上讲，也就掌握了战争的主动权。

复杂电磁环境是指在一定的时间、空间和频段范围内，多种电磁信号密集分布、拥挤、交叠，强度动态变化，对抗特征突出，对电子信息系统、信息化装备和信息化作战产生显著影响的电子环境。

美国 C-130HE 电子战飞机

现代战场上涉及的有通信、光电、导航、雷达等多种电子设备，在有限的战场空间展开全频谱（从射频域的超长波到毫米波，直到光谱域的红外、可见光以及紫外谱段）、全空域、诸军兵种的电子对抗行动。此外，民用信号涉及许多频段，几乎涵盖了作战的空间，使得军用与民用电磁辐射信号相互交织，所有这些构成了复杂的战场电磁环境。

战场电磁环境具有动态变化的特点，它随交战双方在电磁频谱领域斗争态势的变化而不断变化。同时，复杂电磁环境又是一个相对概念，同一战场环境对于不同的电子信息装备的作用效果各不相同；反过来，对不同的电子信息装备而言，它所"感受"的环境复杂程度也有所不同，表现出明显的相对性。

"风云突变"的复杂自然环境

古往今来，凡是战争都讲究"天时、地利"，谁占据了天时、地利，谁就拥有了战争的主动权。现代战争中，自然环境对作战武器的使用以及效能的发挥，影响仍异常严重，要利用好"天时"与"地利"

地形多变的乌兰布通古战场

山地

海洋

雾

绝非易事。

复杂自然环境主要包括复杂地理环境、复杂气象环境与自然辐射现象。

复杂地理环境是指特定地域的地形、地貌、地物，主要包括山地、建筑、森林、岛屿、海洋等。

复杂气象环境是指作战空间内的各类天气现象，主要包括云、雾、雨、光、天空背景，以及温度、湿度、大气能见度等。

另外，战场空间存在的自然辐射现象也是构成复杂自然环境的另一个因素，主要包括静电、地磁场、太阳和星际间的电磁辐射等。

"狡兔三窟"的复杂目标环境

现代战争是作战双方的体系对抗，是一个动态博弈的过程。攻守双方都在尽可能的采取技术手段，以获得战场的主动权。防空导弹打击的对象也非等闲之辈，针对防空导弹的特点，发展出了许多新技术、新战法。复杂目标环境可以说是目前防空导弹面临的一个突出难题，主要体现在以下几个方面：

1. 目标群真假混杂

现代战场环境下多目标环境主要体现在两个方面：敌方实施饱和攻击——大量目标向我方袭来，防空导弹视野中存在多个真实目标；防空导弹拦截时面对的众多目标中存在虚假目标"鱼目混珠"，如弹道导弹突防时，释放出

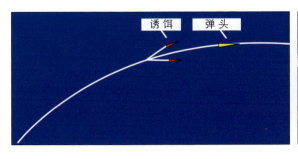

释放诱饵　　　　　　　　　　编队飞行

与弹头外形、电磁特性相近的诱饵伴随导弹飞行,构成了复杂的真假目标环境。

2. 目标可探测性大大降低

目标的可探测性降低主要体现在隐身目标和低空突防目标的出现,使得防空导弹的"眼睛"看不见目标。

隐身技术作为提高武器系统生存、突防尤其是纵深打击能力的有效途径,已经成为现代战场上最重要和最有效的突防手段,受到世界各国的高度关注。隐身技术是通过控制兵器的信号特征,使其难以被发现、识别和跟踪的技术。针对探测系统的不同物理原理而言,隐身技术主要包括雷达隐身、红外隐身、声隐身和视频隐身等几个方面。其中,雷达隐身主要通

美国 B-2 隐身轰炸机

美国 F-117 隐身飞机

美国 F-22 隐身战斗机

过外形设计和涂敷吸波材料等技术实现；红外隐身主要通过降低发动机尾焰温度等技术实现。采用隐身措施的目标在中、远距离很难被发现，给防空导弹带来了严峻挑战。

低空、超低空突防攻击是现代战争常用的战术，是一种行之有效的突防战术手段。由于地球曲率的存在，严重限制了地基或舰载雷达对低空物体的探测距离，形成雷达盲区，使得

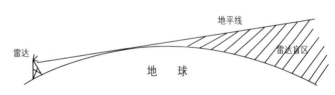
雷达盲区示意图

低空飞行

雷达无法探测到贴近地球表面飞行的导弹或飞机,直到它们靠近雷达的部署位置。低空、超低空突防攻击就是通过躲进雷达盲区,避开雷达的探测,使防空导弹无法发现来袭目标。

3. 高速、大机动目标的出现

自防空导弹出现以来,它们所攻击的目标类型也在不断地发生变化。起初打击目标主要为各种攻击机、轰炸机。与此类目标相比,导弹在机动性能以及速度方面具有绝对优势,加之采用破片杀伤,米量级的脱靶量足以保证成功拦截,拦截难度相对较小。

后来,随着各种新技术的出现,使得战斗机等飞行器的机动性能有了大幅度的提高;而无人机的出现,则摆脱了有人驾驶飞行器对机动过载的限制,从而将飞机类目标的机动性能提上了一个新台阶;与此同时,其他各类无人飞行器,典型的几种如无人侦察机、无人攻击机、空地弹、反辐射弹、战术弹道导弹(TBM)等也成为防空导弹的作战目标。特别需要指出的是,第一次海湾战争中,TBM 作为一类新目标出现,对防空导弹制导技术提出了前所未有的挑战。相比这种高速、大机动目标而言,导弹的速度与机动性能已经不再具有绝对的优势,在某些方面甚至处于劣势。高速、大机动目标的出现给防空导弹提出新的挑战。

"眼镜蛇"机动动作

垂直机动飞行

二、复杂战场环境对防空反导导弹的影响

防空导弹具有命中精度高,杀伤破坏威力大,攻击目标类型多样等优点;但其系统组成复杂,技术保障环节较多,制导系统等易受干扰,尤其是易受战场电磁环境和自然环境的影响。复杂战场环境将使精确制导武器的作战效能严重下降,作战使用条件面临更多限制。

防空导弹易受复杂电磁环境影响的环节主要包括以下几个方面。

1. 侦察预警系统

复杂电磁环境可使侦察预警系统推迟甚至无法获取打击对象的正确数据,从而使防空导弹因延误发射时机或因无法获取对象信息而造成打击失效。防空武器现有侦察预警雷达在一般干扰条件下会丧失对超低空目标的发现能力,对中高空目标的发现概率也普遍降低。通

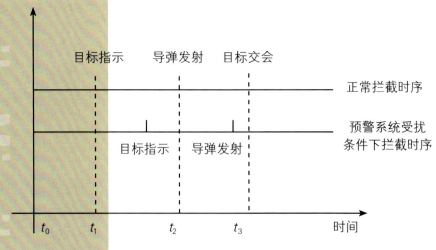

侦察预警系统受扰条件下的拦截时序图

常，目标预警时间需要 20min~30min，拦截一般需要十几秒到几百秒的时间。

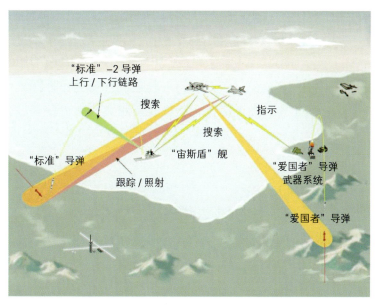

海上协同作战系统（CEC）作战示意图

2. 无线电通信链路

复杂电磁环境可使通信链路出现数据错误，通信延时增大或通信阻塞，从而破坏精确打击武器系统各单元间的联系，造成武器系统混乱，或大幅

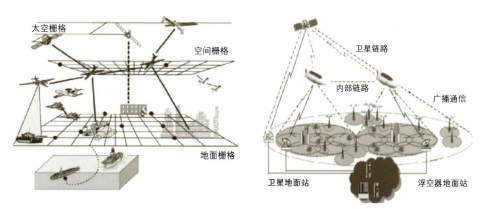

无线电链路网络

降低武器之间的协同作战能力。若指令系统受到影响，将直接影响导弹控制、中末制导交班、引信开机等作战过程，从而影响对目标的杀伤。

3. 制导雷达系统

复杂电磁环境对制导雷达系统的影响体现在三个方面：一是使制导雷达目标探测能力大幅下降；二是使制导雷达系统测量精度降低；三是使制导雷达目标识别与选择更加困难。

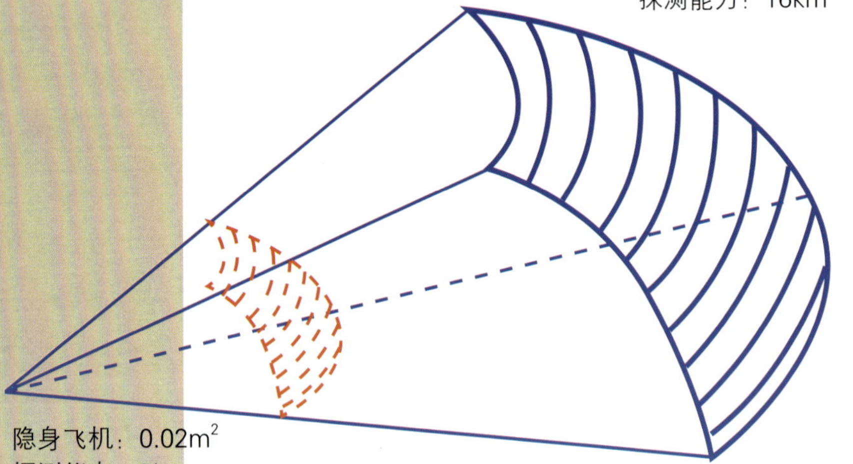

常规飞机：$2m^2$
探测能力：16km

隐身飞机：$0.02m^2$
探测能力：5km

雷达导引头对隐身目标与常规目标的威力对比示意图

4. 寻的末制导系统

通过有源或无源干扰手段形成复杂电磁环境，可使雷达、红外以及其他制导方式的寻的末制导系统无法发现打击对象或错捕目标，增加末制导系统的误差。

（一）电磁环境——"成也萧何，败也萧何"

1. 敌方释放的电子干扰影响分析

目前，先进的电子对抗装备频率范围覆盖 20MHz~40GHz，基本涵盖了主要的通信和雷达工作频段，干扰功率高，作战距离远。常用的微波、光学干扰包括压制性干扰和欺骗式干扰等有源干扰，以及箔条弹和红外诱饵弹等无源干扰。

压制性干扰是指干扰信号远强于目标信号，导致制导探测系统饱和，或难于识别和检测强干扰、强背景条件下的目标信号。欺骗式干扰是指干扰信号与目标信号相似、能量规模适当高于目标，包含的可测量识别信息是假的或错误的。

下面分别说明上述几种典型干扰对防空导弹的影响机理。

1）压制性干扰

雷达或雷达导引头向外辐射电磁信号，被敌方掩护装备侦测后，敌方掩护装备释放强功率压制性噪声干扰信号，由于干扰信号强度远大于目标反射信号，雷达或导引头探测距离下降，丢失目标或无法发现目标。

2）欺骗式干扰

敌方接收到雷达导引头发射的信

飞机释放典型干扰场景

号后，对接收到的信号进行时间延迟和频率调制等措施，再回发给导引头，这样导引头就接收到多个回波，导引头无法分辨真实的反射信号，在距离、角度或速度上获得虚假信息。最典型的例子就是拖曳式诱饵，它是由被保护的载体飞机牵引而随其一起运动的有源雷达假目标。通过增大诱饵的干扰功率，使雷达收到的诱饵功率大于甚至最终遮蔽掉载体回波功率，那么导弹就会自动跟踪诱饵或诱饵和载体的"能量中心"，使导弹或者击中诱饵，或者从诱饵与载体之间穿过，明显提高载体飞机在作战中的生存概率。

飞机牵引拖曳式诱饵

3）箔条干扰

箔条干扰是一种最常用的干扰方式，它由大量很薄的反射体构成，通常是金属条。飞机释放出箔条后，将很快被风吹散形成高度反射的云。一小把箔条就可以形成与大飞机相当的雷达散射截面，导引头辐射的电磁波由于箔条的散射而形成强的回波信号。目标和箔条在一起的情况下，箔条回波会被当作噪声进行检测，这样导引头接收机的噪声电平被抬高，导致信噪比降低，以至不能捕获目标。

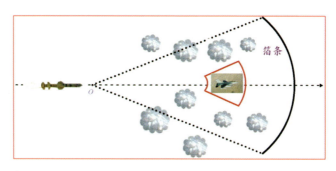

箔条干扰示意图

4）红外诱饵弹

红外诱饵弹是针对红外导引头极其有效的一种干扰手段，它通过投放具有高热辐射特性的假目标，使导弹攻击时偏向红外诱饵，从而有效地保护了目标本身。为了有效地干扰红外制导导弹，红外诱饵弹的辐射强度总是设计得比载机红外辐射强度要大，且诱饵弹发射出去后，要有足够的辐射能量和持续时间，才能有效地引偏导引头。

飞机释放红外诱饵弹

2. 作战区域内各种军用、民用电磁辐射干扰影响分析

战场上敌我双方各类军、民用装备高密度分布、高强度使用，以及大量同频装备拥入有限作战空间，增大了同频装备间自扰、互扰的可能性。

1）同频干扰

作战区域内若有两部同频雷达同时工作，第一部雷达发射信号后，正在等待接收目标的反射信号，而此时第二部雷达正在发射信号，有可能该发射信号直接被第一部雷达接收到，第一部雷达错把它当成目标反射信号，从而导致其不能正常发现、跟踪目标。另外，战场上各种电磁设备的高密度分布，必然使区域内电磁环境背景噪声升高，即接收机的噪声电平提高，从而降低对目标的发现、跟踪距离。

2）电磁兼容问题

导弹在作战飞行期间除了遭遇外界的电磁干扰外，导弹武器装备内，由于相对集成度高，各种部件、电子设备也在接收、发射大量电信号，元器件之间必然会产生电磁干扰，引起电磁兼容问题。

多兵器协同作战

（二）自然环境——"气象衰减，地海散射"

1. 复杂气象环境对精确制导武器的影响分析

防空导弹主要是在大气层中的对流层内作战，对流层正是风、云、雨、雪、雷电等天气现象存在的空间。

1）风

在强风尤其是强侧风的影响下，一些低速飞行的精导武器难于稳定飞行，制导精度降低，风的干扰会使其制导误差明显增大。

2）云

云层内含有大量的水汽，影响光学辐射能量传输，对光学辐射能量产生衰减，光学导引头接收信号变弱，使光学导引头探测距离降低，甚至因云层遮挡而失去目标。同时，云层内气体分子剧烈运动，具有丰富的红外辐射能量，其量级和目标辐射能量相当时，导引头不能区分出哪个是目标，对制导武器形成很强的干扰。

3）雨

雨会影响光学、微波等辐射能量的传输，对光学、微波辐射能量进行衰减，导引头接收信号变弱，使导引头探测距离降低。同时，对辐射的电磁波进行反射，产生强的噪声回波，对制导武器形成干扰。

4）雷电

雷电是一种常见的自然电磁现象，它的特点是放电路程长、瞬时电流强、破坏作用大。雷电产生的超高压电流，对武器上的电器设备产生影响，导致武器设备间的干扰、元器件损坏甚至发生爆炸等严重后果。

雨

雷电

5）太阳光

太阳表面温度高达 7000℃，辐射频谱主要集中在紫外、红外与可见光等光学波段。而目前防空导弹武器的导引头工作波段也主要分布在紫外、红外与可见光等光学波段。若进入导引头的太阳光辐射强度大于目标的辐射强度，甚至目标的辐射完全被太阳光淹没，则光学探测器敏感不到目标的辐射能量，将对光学制导武器产生严重影响。

2. 复杂地理环境对精确制导武器的影响分析

雷达导引头靠目标反射雷达发射的电磁波实现对目标的检测和跟踪，在地理环境复杂的山区、高原、丘陵地带，气流起伏多变会对制导武器探测目标尤其是对低可探测目标的检测和跟踪造成困难。

1）高度

海拔高度增加后，由于氧气含量的降低和大气密度下降，可能超出武器装备地面设备部分的实际使用升限，从而限制其使用区域，无法实现全域使用。高海拔还带来低气压，使精导武器的初始飞行性能受到影响，甚至对飞行造成灾难性的影响。

2）地（海）杂波

拦截低空、低速小目标时，导引头发射的电磁波除照射到目标外，还将照射到地（海）面，地（海）面反射产生强的杂波干扰进入导引头接收机，杂波信号强度可能大于目标反射信号强度；同时，由于导引头杂波谱通常很宽，当杂波谱覆盖目标的波谱时，导引头极有可能错误跟踪杂波，从而丢失目标。

3）多路径效应

地（海）面背景会产生多路径效应。目标反射的信号一部分直接到达接收机，另一部分经过地（海）面反射后再到达接收机，经不同路径传播来的信号到达接收机后，会形成一到达就受到干涉调制的信号，从而影响导引头对目标的探测和跟踪精度。

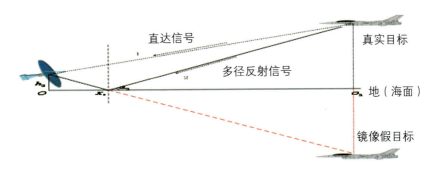

多路径效应示意图

4）空天背景

海面起伏的波浪对阳光的反射和散射，形成一条较强的"亮带"，强度高于目标辐射信号，目标辐射信号淹没在"亮带"中，对光学制导的精导武器（如反舰导弹）形成极强的干扰。

空天背景

（三）目标环境——"瞒天过海，真假难辨"

雷达或导引头正在跟踪一号目标，突然又来了一个二号目标，比一号目标反射面积大，反射信号强，两者进行了一个"剪刀飞"的战术配合，两个目标的交会点由于在雷达或导引头的同一个波束内，在距离上又重合不能分辨，且二号目标反射回波信号强，两个目标分开后，雷达或导引头便跟踪大反射信号的目标，即二号目标，达到了对一号目标掩护的目的。

战术弹道导弹（TBM）为使自己不被拦截，提高突防性能，释放与弹头雷达散射截面积（RCS）相近的轻诱饵和重诱饵伴随弹头飞行，是对付防御系统探测和拦截的有效措施，增加了雷达（导引头）识别和拦截弹头真目标的难度。对于几乎以相同速度飞行的真假目标（弹头、诱饵），雷达和导引头仅对雷达散射截面积大、回波能量强的假目标进行跟踪，不能对雷达反射截面小的真弹头进行有效跟踪。

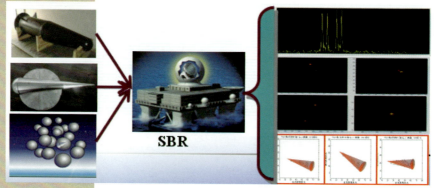

真假目标及对抗措施

目标识别是精导武器系统面临的重大技术难题。突防方采用各种相对灵活、廉价的有源干扰（压制、欺骗）或无源干扰（诱饵、气球、箔条、反射器、碎片等），可有效降低制导雷达的目标识别和选择能力。

三、典型战例剖析及应对启示

（一）复杂电磁环境中应用的战例

1. 经典案例

攻防对抗中的电子战概念对很多人来说并不陌生，电子战不仅仅局限于软性干扰，也包括对电子设备的硬杀伤，通过下面的例子将了解到电子战对局部战场的影响以及如何与常规作战相结合。

1）贝卡谷地，"萨姆"蒙羞——电磁干扰影响案例

1982年6月9日14时，以军在正式发起空袭前，先派出数架无人侦察机作为诱饵飞临贝卡谷地上空。叙军很快便发现了飞临的诱饵，"萨姆"-6的跟踪雷达立即开机跟踪。随即，数枚"萨姆"-6导弹腾空而起，以色列无人飞机接二连三地被击中、坠地。叙利亚士兵发现，坠落的飞机竟是

俄制"萨姆"-6（SAM-6）
防空导弹

充当诱饵的以色列"侦察员"无人机

以军完胜贝卡谷地的功臣——E-2C"鹰眼"预警机

塑胶制作的。叙利亚指挥官觉察中计,下达了雷达关机的作战命令,但已经为时已晚。其后,以色列空军 F-4 "鬼怪"和 F-15A 战斗机铺天盖地的将制导炸弹和"百舌鸟"反辐射导弹向叙军预警雷达和"萨姆"-6 阵地倾泻下来。战争的结局是,19 个"萨姆"-6 导弹营寸功未立便化为一堆废铁。

2)南斯拉夫,折戟沉沙——电磁干扰影响案例

1999 年 3 月至 6 月的科索沃战争中,北约共出动飞机 36000 架次,其中攻击达 10000 架次,针对南联盟军队装备有一定数量先进的第三代防空导弹,并具有多频段对抗措施。开战之前,北约在波利冈的电子战靶场进行了有针对性的电子战演练,以致 79 天的空袭与反空袭中,南斯拉夫防空系统共发射 800 多枚地空导弹,仅取得了极其有限的战果。

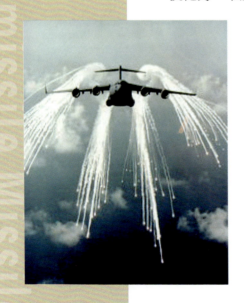
飞机释放干扰

3）老兵出击，"夜鹰"折翅——战术应用案例

我们重视先进技术在装备上的应用，同时也需要关注战术与武器系统特性的结合运用，充分发挥现有装备的技术特点，扬长避短，实现作战效能的最大化。

南联盟击落的
美 F-117 残骸

美军在海湾战争中实施的一次空袭，出动 32 架 F-16 担任主攻，16 架 F-15 在上空护航、保证空中安全，12 架电子战飞机（其中 8 架 F-4G，4 架 EA-6B）实施电子战、干扰对方的雷达并发射反辐射导弹摧毁敢于开机的雷达。在科索沃战争中，北约实施了有史以来最强大的电子战攻势，派出了 EA-6B、EC-130、EF-111、E-8 等电子战飞机 70 架（占飞机总出动率的 40%），实施了大规模的电子进攻。38 架 EA-6B 始终伴随突防飞机对南联盟的预警雷达和火控雷达实施"致盲"干扰，3 架 EC-130 电子干扰机轮流升空，对南联盟的指挥通信系统实施"致聋"干扰，有效地掩护了轰炸机编队的空中突防。攻击编队飞机数量多并通过科学组合，形成结构合理的系统。在北约如此强大的打击态势下，能躲过空袭苟延一息已属万幸，然而身陷逆境的南联盟防空部队却能挖掘老旧装备潜力，研究北约空袭作战规律，发起绝地一击，连续击落 F-117、F-16 等多架北约战机，这种灵活进行战术应用的经验值得学习和借鉴。

2. 原因剖析

（1）雷达向外辐射电磁信号，被敌方侦测后，敌方释放噪声干扰信号，由于干扰信号强度远大于目标反射信号，雷达检测目标的能力将受到严重影响，甚至造成雷达丢失目标或无法发现目标。

（2）敌方接收到雷达导引头发射的信号后，对接收到的信号采取时间调制和频率调制等措施再回发，这样导引头将接收到多个回波，难以分辨真实的反射信号，在距离、速度上获得错误的信息，尤其是一旦

致使跟踪性能被干扰，则很难对目标实施有效拦截。

（3）在目标和箔条同时存在的情况下，箔条回波会被作为噪声进行检测，导致信噪比不满足捕获条件，如果雷达没有特殊的处理措施或处理能力较弱时，那么搜索时将导致不能成功截获目标。

3. 应用启示

（1）随着干扰技术的发展，干扰机带宽越来越宽，基本上可以覆盖所有雷达的频率范围，所有体制必然都面临复杂战场环境的干扰。

（2）做好战前规划，作战过程中，各种雷达要有序工作，实施战场管控，避免己方雷达过早或无谓的暴露，并造成严重干扰。

（3）鉴于现代战场的严酷性，任何一型装备的作战使用，要尽量争取更多的信息支持，要充分利用如雷达、红外、复合等不同体制的传感器，实现在复杂战场环境中的稳定探测能力。

（二）复杂自然环境中应用的战例

1. 经典案例

1）风雨如晦、错失良机——云雨影响案例

在某防空反导对抗演习时，天空积雨云层低且较厚，舰艇上所有雷达的威力和精度均不同程度的下降。当靶标飞临拦截空域时，搜索雷达几乎给不出目标指示，最后发现目标的距离过近，导致拦截时间不足，错过拦截时机。

2）锡德拉湾，F-18显身手——太阳光影响案例

美国与利比亚锡德拉湾空战，美国F-18战机飞机员根据利比亚战机只有苏制红外导弹的特点，在被尾追的条件下，飞机沿着太阳方向机动飞行，规避利比亚苏制战机红外导弹的攻击，并用雷达制导空空弹将利比亚战机击落。

美国F-18战机

3）"山寨克隆、以假乱真"——地物杂波影响案例

在某防空导弹实弹打靶训练中，由于拦截的是低空、低速小目标，防空导弹导引头发射的电磁波除照射到目标外，还照射到地面，较强的地杂波干扰进入导引头接收机，淹没了目标信号，导致导引头丢失目标，跟踪杂波，未能击中目标。

2. 原因剖析

（1）烟雾、云、雨粒子吸收和散射光学、微波辐射能量，遮挡光学、

微波能量的传输,信号能量被衰减,致使光学和雷达设备探测不到目标。

(2)可见光制导武器的作战依赖于阳光,根据目标与背景对阳光反射的光能对比度来探测、识别目标,晴朗天气能见度好,作用距离就远。可见光导引头中的CCD摄像机是高灵敏度光学敏感源,但敏感光学能量有一定的动态范围,太阳光的照度远远大于饱和值,如果此时可见光制导武器逆光飞行,就会受到很强的阳光干扰,目标信号被阳光噪声淹没。

(3)红外制导武器的作战使用同样受到阳光的影响,红外探测器敏感目标背景之间微弱温差来探测、识别目标。导引头光学视场中进入杂散光会产生噪声。阳光中有丰富的红外能量,一旦进入光学视场,就形成了强大的干扰,红外导引头无法工作。所有防空导弹红外导引头设计过程中,都有一项考核指标,即"太阳夹角",导引头与目标连线同导引头与太阳连线之间的夹角,一般典型指标为12°~20°。

(4)地理环境影响导弹的制导,地(海)面反射产生的杂波干扰影响雷达制导武器对目标的检测、识别和跟踪,严重时导致丢失目标。

3. 应用启示

(1)太阳是逆光条件下光学制导武器最大障碍,作战运用应避免这种模式。

(2)恶劣的气象条件会影响精确制导武器的性能,而不同的电磁波段,其影响程度也不一样,因此要熟练掌握精确制导武器的使用条件。

(3)世界各地的地形地貌及景象各不相同,

需要加强收集和了解。而每种制导体制都有其优势和劣势,需要加强不同精确制导体制的研究和理解,实现优势互补。

(三)复杂目标环境中应用的战例

1. 经典案例

"天女散花、争奇斗艳"——红外诱饵弹影响案例

美英联军进驻伊拉克后,反美武装多次利用便携式防空导弹击落美英联军武装直升机及运输直升机,造成了联军较大的人员伤亡。为降低反美武装人员对执行巡逻和支援保障任务各型直升机的毁伤概率,考虑到便携式防空导弹多采用红外导引头,而这类防空导弹抗红外诱饵干扰能力通常较弱,联军专门为各型直升机上安装了红外跟踪报警装置及红外诱饵弹抛洒装置。此类诱饵弹抛洒装置一次抛洒的诱饵弹数量较此前有了大幅度的提升,经常是几十枚甚至上百枚诱饵弹漫天飞舞,如同"天女散花",采用红外导引头跟踪制导的便携式防空导弹很难应对如此庞大数量的虚假目标,极容易放弃真实直升机而跟踪诱饵弹。

联军直升机释放红外诱饵弹

2. 原因剖析

在红外导引头的视场内,同时出现强度不等的多个目标时,单一波段探测的红外导引头极难分辨出哪个目标是真目标。

3. 应用启示

了解诱饵对精确制导武器作战性能以及战术战法的影响,提高在实战中使用精确制导武器的能力,可以进一步增强战斗力。

第五章 登高望远：
空天防御展宏图

05

现代高新技术的快速发展和军事技术的突飞猛进，引发了军事领域一系列革命性的变化。在诸多军事领域中，尤以信息战、防区外远程精确打击技术、战场军事装备无人化与隐身化技术、军事航天技术等领域的革命性进展对空袭与防空作战的影响最大。

一、空袭作战与"天战"的新特点

海湾战争、科索沃战争、阿富汗战争、伊拉克战争等近期局部战争表明,空袭作战已实现体系化和信息化。随着美国 X-37B 空天战机的试飞成功,"天战"也已初露端倪。现代空袭作战与"天战"呈现出如下特点:

1. 网络化作战

各司其职的多军种实施联合作战,通过网络化信息共享和协同作战,将部署于陆、海、空、天的各种作战平台联成一个整体,形成一个互为支撑和补充的网络,提高空袭作战效能。

美军海空一体化联合作战

2. 夺取制信息权

通过使用各类先进电子战武器，确保自身获得全面精确信息的同时阻止防空方获取信息，实现战场信息单向透明。信息优势的获得包括两个方面：一方面是通过卫星、预警指挥飞机、侦察机（包括无人侦察机）等保证自身信息的获取；另一方面是通过各类干扰飞机实施电子干扰，利用空地反辐射导弹对辐射源目标进行摧毁，使用隐身技术降低空袭武器的可探测性，达到阻止对方获取信息的目的。

美国 E2"鹰眼"预警机

美国"捕食者"无人机

3. 全方位饱和攻击

使用远程精确打击兵器实施多批次、全方位的饱和攻击。一架现代作战飞机可挂载数十枚无动力精确制导兵器,一轮空袭可出动数十架战术飞机,投放兵器数量将达到上百枚,再配以各种海/地基反舰导弹、巡航导弹,将形成全方位的饱和攻击态势。

4. 隐身/无人机大量应用

各种精确制导武器普遍具有打击精度高、射程远、隐身性好、机动性强等特点。这些精确制导武器,包括远程精确打击武器和低成本

美国 X-47B 无人机实现航空母舰起降与试飞

美国 JASSM

"风暴影"隐身巡航空地导弹

精确制导炸弹等的大量应用,使得空袭作战的效能大幅提高,特别是各种防区外发射的远程精确打击武器的应用,很难对发射平台进行拦截,对现有防御体系造成了巨大威胁。另外,各种空地或反舰导弹速度和机动性能不断提高,并且采用低空飞行策略,现有防空体系难以对抗。

X-47B 是美国研发的最新型的无人机。X-47B 将会具备高度的空战系统,可以为美军执行全天候的作战任务提供作战支持。X-47B 首次考虑应该具备良好的隐身性能和战场生存能力,再次考虑该型机将可以携带各种传感设备和内部武器装备载荷,可以满足联合作战、网络作战的需求;然后该型机还应当能够进行空中加油,以提高战场覆盖能力和进行远程飞行。美军未来将可能基于 X-47B 组建无人机编队的航空母舰建制,实现"无人机编队空袭作战"这一新的战法。

5."高边疆"的争夺

美国空军一架被列为最高机密的 X-37B 无人太空战机,于 2010 年 4 月 22 日在佛罗里达州首次升空试飞,研发时间超过 10 年,很有可能成为全世界第一架太空战机,其功能和任务均列为最高机密。

未来太空战机所能担负的军事领域的任务有:侦察、空中打击、反卫星、反导弹一类的太空作战。有军事专家评估 X-37B 的飞行马赫数在 6~8,现有的雷达探测技术,很难捕获到它。它既可在太空巡航,又能进入大气层执行攻击

美国 X-37B 空天飞机

任务，一旦研制成功，将使美国建成一个"24小时全球打击圈"，可以在单一行动中摧毁敌军卫星和来袭导弹，并在战区上空进行侦察。大大拓展了美军作战空间，增强了美军的威慑能力。

6. 全球即时打击

HTV-2无人机隶属美国全球即时打击武器项目，据美国防部高级研究计划局的说法，试飞的最终目的是让美军具备"1小时内打击全球任意地点"的能力：利用洲际弹道导弹、超高速巡航载具等运送精确制导的常规弹头，对位于全球任何地点、只有很窄攻击窗口的高价值目标实施精确打击，且从发起攻击至攻击结束所用时间不超过1小时。如果说20世纪90年代这还只是个"想法"，但随着空天飞机X-37B和HTV-2无人机的试验逐步展开，全球性超高速打击可能成为现实。

HTV-2为无动力滑翔机，将在加利福尼亚的范登堡空军基地升空试飞。在与火箭分离后，HTV-2将以高超声速在大气层飞行，最后降落在

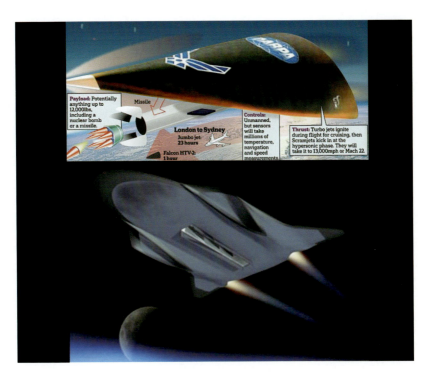

美国HTV-2样机

太平洋中部夸贾林环礁的里根试验场。全程将飞行8000km,以检验飞机的绝热性和气动力驾驶的稳定性。

二、"空天防御,大任于斯"

(一) 空天防御体系的建设

未来的空天防御面临的将是空天一体的体系化攻击,防御任务日趋艰巨,防空作战将演变成为防空、反导、防天一体化的空天防御体系作战,势必引起作战方式与武器装备的革命性变化。空天防御是国家级战略体系,根据统一的构想和计划,协调指挥各军兵种,遂行空天防御作战。其任务主要是为政府和军事首脑机关提供关于敌人来袭的预警信息,击毁来袭敌方空天进攻兵器,尽量减少己方人员(军人

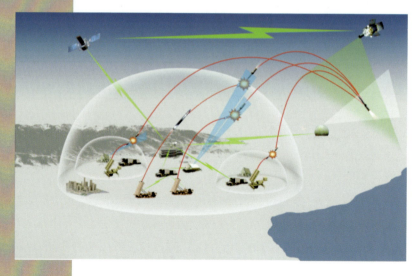

空天防御体系概念图

空天防御体系组成示意图

和平民）和地面设施（包括经济设施、政治设施、军事设施、核设施等）的损失。

空天防御体系是一个集防空、反导、防天等多项功能为一体的综合性作战系统，其最终目的就是为国家重要的军事、政治目标以及重要设施、民众、军队提供一个强有力的空天保护伞。未来的空天防御体系主要由三大系统构成，即空天侦察预警系统、空天拦截与摧毁系统、空天防御指挥控制系统，另外也包括空天防御保障系统，该系统由指挥机关和特种保障分队组成。空天侦察预警系统主要包括国土领空侦察与监视、导弹预警、空间目标监视系统以及导弹防御系统中的信息系统等。

2006年4月5日，俄罗斯总统批准了新版的《俄联邦空天防御构想》，明确提出："空天防御是国防体系的基本组成部分之一，具有十分重要的战略意义和军事政治意义。从军事政治方面来看，它是保持世界战略平衡、维护地区稳定、威慑敌对势力、防止冲突升级的重要工具和手段。从战略方面来说，它能为国家军政领导层提供及时可靠的空天态势情报，为领导人做决策提供参考和依据。"

（二）防空反导导弹的发展

随着现代战争空袭与防御作战模式的发展，用于全球快速打击的弹道导弹、巡航导弹、临近空间武器等进攻型武器突防能力的进一步增强，防御武器装备的作战任务和防御重点，与传统的防空概念相比已经发生了巨大的变化。在前三代防空导弹发展的基础上，要进一步关注新型空基威胁目标的发展动态，重点涉及隐身飞机、无人机、巡航导弹、低成本精确制导武器、弹道导弹、临近空间高速飞行器等目标，以及各种天基侦察和作战系统成为最重要的打击目标，还要高度关注复杂战场环境下的抗干扰能力和网络化作战能力。防空反导导弹将面临新的挑战，从而获得新的发展，实现防空、反导和防天的一体化。

为了实现对上述目标的有效拦截，防空反导导弹需要采取更为先进的精确制导技术，提高作战性能。在军事需求牵引和技术发展推动的共同作用下，探测制导系统总体技术、光学制导技术、射频制导技术、复合制导技术、水声制导技术、共用技术等研究将追求"六个更加"：更加远的作用距离、更加丰富的目标信息、更加高的制导精度、更加高的制导信息率、更加强的抗干扰能力和更加强的目标识别能力。

参考文献

[1] 刘桐林. 世界导弹大全. 北京：军事科学出版社，1998.

[2] 于本水. 防空导弹总体设计. 北京：宇航出版社，1995.

[3] 北京航天情报与信息研究所. 世界防空反导导弹手册. 北京：中国宇航出版社，2010.

[4] 张玉龙. 海军舰空导弹武器手册. 北京：兵器出版社，1997.

[5] 李荣常，等. 空天一体信息作战. 北京：军事科学出版社，2003.

[6] 刘兴堂，等. 精确制导武器与精确制导控制技术，2009.

[7] 刘兴堂. 精确制导、控制与仿真技术. 北京：国防工业出版社，2006.

[8] 袁军堂，等. 武器装备概论. 北京：国防工业出版社，2011.

[9] 袁起，等. 防空导弹武器制导控制系统设计. 北京：宇航出版社，1996.

[10] 郝祖全，弹载星载应用雷达有效载荷. 北京：航空工业出版社，2005.

[11] 周伯金，李明，于立忠，等. 地空导弹. 北京：解放军出版社，1999.

[12] 王小谟，张光义. 雷达与探测——信息化战争的火眼金睛. 北京：国防工业出版社，2008.

[13] 总装备部电子信息基础部. 导弹武器与航天器装备. 北京：原子能出版社等，2003.

[14] 中国国防科技信息中心. 国防高技术名词浅释. 北京：国防工业出版社，1996.

[15] 杨学军，胡学兵. 霹雳神剑导弹 100 问. 北京：国防工业出版社，2007.

[16] 刘兴堂，刘力，于作水，等. 信息化战争与高技术兵器. 北京：国防工业出版社，2009.

[17] 周国泰. 军事高技术与高技术武器装备. 北京：国防工业出版社, 2005.

[18] 总装备部电子信息基础部. 现代武器装备概论. 北京：原子能出版社, 2003.

[19] 王其扬. 寻的防空导弹武器制导站设计与试验. 北京：宇航出版社, 1993.

[20] 刘隆和. 多模复合寻的制导技术. 北京：国防工业出版社, 1998.

[21] 孙连山, 杨晋辉. 导弹防御系统. 北京：航空工业出版社, 2004.

[22] 熊群力. 综合电子战——信息化战争的杀手锏. 北京：国防工业出版社, 2008.

[23] 郭修煌. 精确制导技术. 北京：国防工业出版社, 2002.

[24] 张鹏, 周军红. 精确制导原理. 北京：电子工业出版社, 2009.

[25] 王建华. 信息技术与现代战争. 北京：国防工业出版社, 2004.

[26] 国防大学科研部. 高技术局部战争与战役战法. 北京：国防大学出版社, 1993.